U0376408

策划委员会主任

黄居正 《建筑学报》执行主编

策划委员会成员（以姓氏笔画为序）

王　昀　北京大学

王　辉　都市实践建筑事务所

史　建　有方空间文化发展有限公司

刘文昕　中国建筑工业出版社

李兴钢　中国建筑设计院

金秋野　北京建筑大学

赵　清　南京瀚清堂设计

赵子宽　中国建筑工业出版社

黄居正　同前

聚落之旅

集落への旅

原广司 [日] 著

陈靖远＼金海波——译

中国建筑工业出版社

丛书序

在我社一直从事日文版图书引进出版工作的刘文昕编辑，十余年来与日本出版界和建筑界频繁交往，积累了不少人脉，手头也慢慢攒了些日本多家出版社出版的好书。因此，想确定一个框架，出版一套看起来少点儿陈腐气、多点儿新意的丛书，再三找我商议。感铭于他的执着和尚存的理想，于是答应帮忙，组织了几个爱书的学者、建筑师，借助他们的学识和眼光，一来讨论选书的原则，二来与平面设计师一道，确定适合这套图书的整体设计风格。

这套丛书的作者可谓形形色色，但都是博识渊深、敏瞻睿哲的大家。既有20世纪80年代因《街道的美学》、《外部空间设计》两部名著，为中国建筑界所熟知的芦原义信，又有著名建筑史家铃木博之、建筑批评家布野修司；当然，还有一批早已在建筑世界扬名立万的建筑师：内藤广、原广司、山本理显、安藤忠雄……

这些日文著作的文本内容，大多笔调轻松，文字畅达，普通人读来，也毫无违碍之感，脱去了专业书籍一贯高深莫测的精英色彩。建筑既然与每一个人的日常生活息息相关，那么，用平实的语言，去解读城市、建筑，阐释自己的建筑观，让普通人感受建筑的空间之美、形式之美，进而构筑、设计美的生活，这应该是建筑师、理论家的一种社会责任吧。

回想起来，我们对于日本建筑，其实并不陌生，在20世纪80、90年代，通过杂志、书籍等媒介的译介流布，早已耳熟能详了。不过，那时的我们，似乎又仅限于对作品的关注。可是，如果对作品背后人的了解付之阙如，那样的了解总归失之粗浅。有鉴于此，这套丛书，我们尽可能选入一些有关建筑师成长经历的著作，不仅仅是励志，更在于告诉读者，尤其是青年学生，建筑师这个职业，需要具备怎样的素养，才能最终达成自己的理想。

羊年春节，外出旅游、腰缠万贯的中国游客在日本疯狂抢购，竟然导致马桶盖一类的普通商品断了货，着实让日本商家莫名惊诧了一番。这则新闻，转至国内，迅速占据了各大网站的头条，一时成了人们茶余饭后的谈资。虽然中国游客青睐的日本制造，国内市场并不短缺，质量也不见得那么不堪，但是，对于告别了物质匮乏，进入丰饶时代不久的部分国人来说，对好用、好看，即好设计的渴望，已成为选择商品的重要砝码。

　　这样的现象，值得深思。在日本制造的背后，如果没有一个强大的设计文化和设计思维所引领的制造业系统，很难设想，可以生产出与欧美相比也不遑多让的优秀产品。

　　建筑也如是，为何日本现代建筑呈现出独特的性格，为何日本建筑师屡获普利茨克奖？日本建筑师如何思考传统与现代，又如何从日常生活中获得对建筑本质的认知？这套丛书将努力收入解码建筑师设计思维、剖析作品背后文化和美学因素的那些著作；因为，我们觉得，知其然，更当知其所以然！

黄居正

2015年5月

序言　在聚落中看世界

聚落考察的意义

如今，已经有许多人开始着手世界各地的聚落调查，但是在20世纪70年代初，从建筑专业角度进行偏远地区的聚落采访还是比较罕见的。我最初的考察旅行，根本就没有设想过所到之处的样子，只是抱着尽量多走多看的轻松心情就上路了。但是，当我在旅行中，看到了阿特拉斯山中柏柏尔人的聚落、撒哈拉沙漠边缘的盖尔达耶的那些小城市时，我为那里精美的建筑所倾倒，为此，至今我已经进行了五次这样的聚落调查之旅。这本书就是记述这五次旅行的游记。

如果我们把乘车探寻聚落的路径在世界地图上标注出来的话，它们只能覆盖极其有限的区域，这让我们不得不重新认识世界的广阔性。从这个意义上说，这本书既起不到世界各地散落的聚落事典的作用，也不可能成为一本旅行指南。那么本书的意义何在呢？下面我就以回答上述问题的形式，从书中讨论的若干问题中挑出几点进行论述。

偏远地区的生活

首先，对于居住在日本的我们来说，即使生活在乡村，也是生活在现代化的文明之中的，可以说和生活在城市里没有什么不同。因此，我们就容易产生一种错觉，以为这个世界上无论哪里的人都过着和我们一样的相类似的生活。但是，现实并非如此，还有许许多多的人，依然徘徊在现代化生活的大门之外，还在过着与久远的从前一样的、与大自然相依相守的生活。世界上的所有大都市，虽然各有各的特色，但相互之间又都具有类似的性格。相对于这些大都市，那些散落在世界各个偏远地区的聚落集镇，却依然保留着为了适应当地自然环境而形成的各种各样的生活方式。至少从外部观察，那里的人们还在延续着非常简陋的、或者说非常古老的生活。对于我们而言，不该忘记的是，这个世界是由现代化的城市生活与被现代化遗忘的偏远地区的生活这两大部分构成的。进一步仔细观察这种构成的话，就会发现在大都市以外，大部分地区人们的生活是植根于当地的，它们以各种各样的方式交织在一起。我相信，这样的状况还会在这个世界上存续很久。

今天，在各个方面，我们能听到国际化的声音。但是，当我们去描述这个世界的时候，我想有必要把上述的世界构成状态作为前提。如果本书能够给读者提供这样的一种思考线索则荣幸之至。

对文化的理解

第二，关于文化的理解，如果讲述起建筑的历史和文化的话，往往就会围绕着那些宏伟的建筑，例如神殿、皇宫、寺庙等来阐述。另外，也会把那些设计和建造了这些名垂青史的建筑物的建筑家们的伟大业绩歌颂一番。而那些散落在世界各地连名字都不为人知的聚落集镇，以及那些创造无名聚落的无名的人们，相比那些经典建筑和那些伟大的建筑家们，他们很逊色吗？

我认为绝不是那样的。确实，帕提农神庙非常壮美，但与帕提农神庙一样，那些散落在世界各个角落的闪耀着光辉的聚落集镇同样也会深深地打动你的心灵！并且，那些美丽的聚落里至今一直都有人世代生活，也就是说，那些叫做聚落的艺术品都名副其实地活在当下。

在并不仅限于建筑的一般的文化范畴内，从时代、样式的角度来看，存在着由古典的、居于统治地位的阶层与不具有权威、甚至连什么是文化都不知道就进行创造的普通大众这两个阶层。对于建筑本身，单纯地去看，这两个阶层体现为古典建筑与聚落的层级结构。从建筑领域来看，存在着如何体现历史的丰富性、历史的重新书写等课题，日本现在也出现了涉足这个领域的年轻历史学者。

从更一般的视角来看，我们应该重新认识一下，在我们现在居住的场所中被称为文化的那一部分，并非只有文化会馆、美术馆等建筑才是真正的文化象征，创造优美居住环境这件事本身也可以成为一种艺术的表达。当下，各地区都在宣称美化城镇、整修景观等，但其背后同样存在着重新发现聚落价值的思潮和趋势。特别是在日本，因现代化进程的快速发展，很多作为文化遗产的传统聚落渐渐地被我们遗弃，当我们意识到该问题的严重性的时候，已经悔之莫及。即使这样，保存这些古老的聚落也是重中之重，也是比建设新城镇还重要的课题。在这些问题当中，本书所提出的关于聚落的看法和想法或许能够对解决这些问题起到参考作用。真心希望本书中那些从聚落中获得的感动与内心受到的震撼能够传达给广大读者。

建筑与自然的谐调

第三，当你去参观考察那些聚落的时候，何谓自然就会在那里跃然而出。在那些聚落里，不管当地人喜欢还是不喜欢，人们都不得不与大自然休戚与共。聚落就是建筑与自然和谐相处的最好表现。现代建筑的骨子里，就有把建筑与自然剥离开来，重新创造出适宜的环境来适应建筑本身需要的自然观。这种思考方法，一经实施就会招致对自然的轻视，很可能就会导致破坏自然、引发灾害。虽然说现代建筑并不是完全都是如前所述般轻视自然，但是也可以看出具有违反大自然的倾向。与现代建筑相反，那些聚落无论处于多么严酷的自然环境中，所采用的都是一种亲近自然的态度，一种把隐藏在各个场所里的自然的魔力都激发出来的态度。

我们思考建筑与城市问题时，当然最基本的一点是我们自身也是自然的一分子。从这个意义出发，无论是建筑观、城市观本都应该是一种亲近自然的态度。可惜的是，有些时候我们对待如我们身体一样的自然时，会表现得很利己主义。在聚落里，围绕着自然也会发生各种各样的故事。不过，聚落中是通过具体的事物来表达共享大自然的恩惠这一共同体的生存方式的。当然，以前是，现在也是，共享大自然恩惠这样的事情很多都是在聚落的强力支配下进行的。聚落绝不是世外桃源，聚落是人们不得不组织在一起，在大自然中巧妙地生存下去的团体罢了。因此，自然所表现出来的是被社会化的特征。然而对这样的自然表现形式的认识，放眼今天，常常表现出来一种缺失的趋势。

老且新的聚落

第四，我认为聚落既是古老的又是现代的。确实，聚落与现代城市相比较的话会显得非常古老，几乎成了过去的一种遗产。但是，在那些聚落中不单单可以见到现代城市中失去的各种特色，对于今天的城镇建设、城市规划、建筑设计来说都极具启示效果。特别是当今处于重视"本土"和"场所"等概念的时代，那些聚落可以说标示出了我们的未来。因此，我在这里并不是怀抱着乡愁而在喃喃自语，重要的是以面向未来的心态，重新去解读那些聚落。如何对那些聚落进行解读才具有今日的意义，这正是本书《聚落之旅》所要解决的问题。

地域性与传统

第五，考察聚落乡镇，那些地方所具有的区域性及传统的东西自然会显现出来。但是，关于那些聚落，如果从过于迷恋地方性、传统性的民族主义视角来进行解释的话，就会出现很大的偏差，这也是我们在聚落之旅的过程中得到的结论之一。散落在世界各地的这些聚落乡镇，只有从文化的国际化视角来进行观察、探索，才能得出正确的答案。

我们经常会说，这些是日本的，或者说这是日本风格的东西，同样，在指出其他地域文化时，也会经常说，这些是非洲风格的、那些是印度风格的。但是，当我们仅限于有关这些聚落的话题时，这样去进行地域指定就有些太宽泛了。那些聚落，如果仅限于从建筑角度来看的话，更应该说是在适应当地自然条件的基础上所建设起来的，即便是把最典型的日本式的聚落作为例子拿出来，也能够在全世界的这里或者那里找到与其相类似的案例。对于这种现象，我们也只能说"两者既有共同点，又有不同点"。更有意思的是，有时这种具有非常明显的地方特点的建筑风格，会发生在远隔千山万水的两个聚落之间，使它们具有非常强的相似性。

我们还可以得出如下说法。今天，当我们在设计住所的时候，从日本聚落传统的民居建筑中吸取营养是理所当然的，不过，在高人口密度的日本城市中进行住宅设计的时候，我们从那些非洲的、伊朗的沙漠城市的住宅设计中有更多可以借鉴的地方。之所以这样讲，是因为那些沙漠城市的住宅是以密集居住的漫长历史为背景的。至少，从过密状态的居住形态这个意义上讲，沙漠中的住房，要比日本传统民居更具有可参考性。如果这样想来，从住居起源的角度思考的话，沙漠中的居住形态的确可能是阿拉伯传统的，也可能是波斯传统的，然而那同时也是属于我们的传统。

实际上，在世界各地建设那些聚落的人们，根本就不可能知道相去甚远的世界的另一端发生了什么，换言之，他们基本上是生活在一个封闭的世界里的。但今天，如果我们仔细观察，就会发现在世界的各个角落里，生活着有着相同想法的人们。如果把世界上各种相类似的聚落编织成网，可以说不会有一个聚落孤立于这个网络之外，所有的聚落都会通过这个复杂的网络相互连接。这种解释，就是国际化视野的意义所在。

调查的内容

那么，关于聚落的建设理念的话题到此为止。下面就聚落观察的视角以及它的局限性做一说明。我们是东京大学生产技术研究所原研究室组织的对世界各地的聚落进行调查的小组，采用自驾的方式去寻找坐落在世界各地的值得一看的聚落。说到我们观察聚落的角度，只能说我们采取的是建筑专业的视角，它无非是文化人类学、社会学、民族学、地理学等各类学科中的一支。并且，即使说是从建筑学的角度去考察的，建筑学本身也存在着多种视角的可能性。如果让建筑史方面的学者来写本书，或许会是一种完全不同的写法，他会认为我们的这种调查不过是走马观花罢了。

其实，我们的每一次调查，都会形成报告并加以出版。我们的报告是由鹿岛出版社出版的，报告的名称是《东京大学生产技术研究所原研究室〈住居集合论1-5〉》。调查的内容虽与本书没有直接关系，但此处还是将其中的主要内容罗列出来。我们把那些我们看过的聚落的形态、聚落的建设形式等作为重点进行了考察。对于构成聚落的建筑，可分为住宅与其他建筑两类，其中的其他建筑因聚落的不同会有各种各样的变化，有城堡、教堂、清真寺、客栈等。当然，住宅的建筑形式也会因聚落的不同而有所变化，但是大多数的情况是，在一个聚落或者小城镇中，住宅形式也只有屈指可数的几种主要形式，虽然或多或少的有一些另类的住宅建筑，但粗略而言，在一个聚落或小城镇里基本上只有一种住宅形式。如果让我正确指出其住宅形式属于哪一种还真是个难事，不过可以举出一些典型事例。我们的调查是从代表性实例的房间布局方面入手的。构成聚落的各种各样的住宅，都是典型事例中所暗指的住宅形式的变种和应用。

接下来，这些与其他建筑彼此相关的住宅群，相互间按照什么样的规则进行布局的呢？我们对此进行了调查。也就是说，通过调查研究进而读懂住宅的排列配置的规则。不过，也有一些情况是无法通过住宅与公共建筑之间的关系来读懂的。自然条件在其中起到了非常重要的作用，比如说地形，就决定了住宅的排列方式。实际上，因各个聚落的实际情形不同，其住宅的排列规则也会发生变化，很难对这些住宅所遵循的排列规则做出通用性的描述。

我们试图从住宅形式和住宅群的排列上，对聚落形态乃至聚落形式进行归类，加之我们"路过者之眼"的视角，使得我们的观察便有了一种解读聚落风景的倾向。虽然我们对住宅的内部也进行了调查，但相对而言，侧重点依然停留在外观样貌的描述上。如果再附加些我个人的观点的话，它是一种作为设计者而非研究者看待聚落的视角。所以，除了我们旅程所至范围有限之外，还存在着我们自身观察角度的局限性。

*［图1］非洲热带稀树草原的聚落平面图

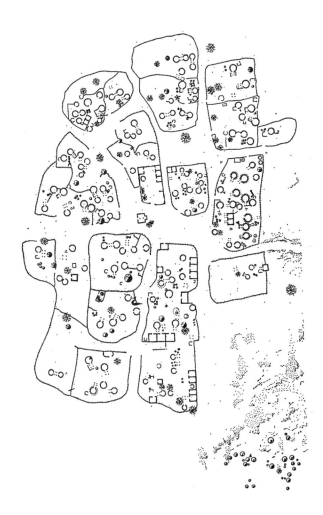

聚落单体论

在这些如何去观察聚落的方法当中，有两个较有代表性的方法。其一是关注每一个聚落单体；其二，是对聚落进行相互比较，并同时观察的方法。

关注每一个聚落单体时，会发现在这个世界上，存在着许多巧妙组合而成的有趣的聚落，它们完全可称作个性鲜明，独一无二的聚落。正因为世界各地有这样独特的聚落存在，所以每当想起我们还能持续这样快乐的旅行，心中就充满激动和期待。《聚落之旅》这样一本游记，若能被读者接受，原因或许正是由于这个世界上存在着与我们的居住方式相距甚远的聚落生活的缘故。

这里先对本书中亮相的那些独特聚落进行介绍。首先是第1章的"奎瓦斯"，这是西班牙的横穴住居聚落。说到穴居生活，你若想到远古时期的洞穴生活那就大错特错了。即使是现在，居住在横穴或是竖穴中的人也绝不在少数。虽然本书并没有进行说明，但是在利比亚、中国也存在许多非常喜欢竖穴住宅的聚落。这种穴居生活非常适合当地的自然条件，是非常合理的一种选择。

接下来讲的是散落在阿特拉斯山中柏柏尔人的聚落。那是我们经常可以听到的叫做"卡斯巴"的聚落。所谓的"卡斯巴"，是指像卡萨布兰卡、拉巴特这些富有罗曼蒂克情调的城市一隅，这些古老的城市一般称做"麦地那"。地中海沿岸的为数众多的"麦地那"，以雪白的墙壁和迷宫似的街道闻名于世。而最神秘的"麦地那"就是位于阿尔及利亚的"姆扎斗山谷"。对于能有机会去北非旅行的人们来说，我真心地希望你一定去访问一次姆扎斗山谷。我想只要你一走进姆扎斗山谷，你就完全可以感受到撒哈拉大沙漠的魅力，一定能够理解幻想这个词的意境。

在第2章的中南美洲，无论如何都要首推的的喀喀湖上的"浮岛聚落"。的的喀喀湖的海拔差不多有4000米，富士山的海拔高度为3760米，对于登上富士山最高点的日本人来说，也会为4000米的高度而感到惊叹，然而就在那么高的地方竟有一个非常大的湖泊，并且湖中居然还有一个可以浮动的岛屿，许多人居住在岛上。

位于墨西哥与危地马拉国境附近的"木栅之村"，对一个走遍世界的旅行家来说，是一处能够引起他最后的兴致的地方。中南美之旅的亮点，无论怎样说还是为数众多的阿兹特克、玛雅、印加等文化遗迹。这些到目前为止还全貌未明的历史文明的遗迹，虽能感动所有到此一游的人们，但如"木栅之村"这样的聚落却可以称之为活的历史遗迹。

第3章首先介绍的是"东欧广场"。说起街道和城镇，人们一定会联想起东欧那些人字形山墙林立的为数众多的城镇广场。这些广场可以说是街道和城镇的原型。

亚得里亚海的小城市群，充分地利用了当地海角的地形条件，以充满魅力的景观而著称，在地中海，与希腊群岛上的各个城镇交相辉映。特别是充分利用半岛的地形具有独创性的杜布罗夫尼克城，被称为地中海上的珍珠。

在伊朗，以散布在卡维尔沙漠及卢特沙漠周边的人工建设的绿洲为核心的聚落群，以其规划的独特性、出类拔萃的景观，真可以说得上是"聚落中的翘首"。通过对人造绿洲中聚落情况的了解，我们得知了从建筑角度成为优秀的聚落应当具备什么样的条件。

第4章将介绍伊拉克底格里斯河与幼发拉底河下游流域的"家族岛聚落"。这是由一个家族在一片沼泽地中人工建造的小岛，整个家族都居住在小岛上，是一种仿佛只有在故事书中才会遇见的，非常罕见的聚落形式。其实，世界上那些让人眼前一亮的聚落都拥有强烈的非现实性，这样的聚落形式就成为我们研究非现实性的最好例证。

印度的聚落，很难从景观方面进行论述，理由是其含义隐藏在外观之下无法看到。但是纵观印度整体，却可以给它冠以"混合系聚落"这个名称的。所谓混合系的概念是相对于均质系或者单一系概念而言的，通常的聚落中，基本的住宅形式大概只有一种，然后以其基本形式为基础进行各种各样的变化，所以你可以看到各种各样的住宅集中在一起构成了聚落。与之相反的是，印度的大多数聚落中，因为宗教、种族和姓氏等混杂在一起，很多种风格完全不同的住宅形式聚集在一起构成了聚落。这也就是所谓混合系的意思所在，因此，从外表来看，无论怎么看也看不出聚落是按照什么秩序来构成的。

第5章介绍的是一系列"热带草原聚落"。非洲的热带草原不单是文化人类学的宝库，同时也是聚落的宝库。在这样一群聚落中无论选哪一个，几乎都可以列进全世界独特聚落的榜单。正因如此，这些聚落既有个性的特点，同时彼此之间又有相似点，也就是说，这些聚落的集合，适合成为详细分析聚落之间差异点与类似点的研究对象，从这个意义上讲，"热带草原聚落"成了象征着那些散布在世界各地的大多数聚落相互间关联性的缩影。

独特聚落的条件

如上所述，我们一边旅行，一边取些俗称来指代那些有特色的聚落，下面我试着对那些别具一格的聚落进行说明。

（1）具有个性的聚落或者聚落形式，都会有其独特的装置或装饰。这种装置或装饰，是为了诱发在那些聚落中，隐藏在某一个角落中的自然的潜力而进行的建筑上的考量，比如人造绿洲、家族岛等大型的装置都是很好的例子。当然，这些装置不一定都是大型的，一些小型的装置也具有能够使整个聚落表现出独特个性的力量。比如木雕装饰、换气管等。即使这些小的装置或装饰，如果出现在每一个住宅上，就会诞生出整个聚落的景观秩序。一个出色的装置或装饰，不单单是对自然的响应，其自身也给聚落这个社会形态带来了秩序。

（2）每一个风格独特的聚落，都具有各自洗练的样式。在有的区域，会有许多聚落拥有相同的装饰。其中格外显眼的聚落，其各个部位的建造手法必定是经过千锤百炼的。一般我们会将聚落的兴建和形成解释为一种"自然发生的"过程。而格外显眼的聚落其兴建手法与其说是历经洗练的，倒不如说兴建本身就是"有计划地"进行的。其结果是聚落整体呈现出独特的风格和氛围，也就是具有了洗练的风貌。上述所列举的聚落中，在住宅不断重建的过程中，其兴建手法也逐渐得以洗练，其独特的样貌也就随之产生了。

（3）拥有独特魅力的聚落具有"多样性的统一"的特性。所谓"多样性的统一"是具有各种各样的组成要素的同时，各要素之间又按照一定的顺序组合在一起的状态。单纯举例的话，如希腊群岛上的各个聚落，虽然各种各样的建筑形式混杂在一起，但单一的色彩—白色，就把各种不同类型的建筑统一在了一起。从现象角度来看，构成聚落的住宅为数众多，相互间多多少少会有一些差异，又有很多相似点，据此也可以体现出"多样性的统一"。但是，这种秩序的成因也是各种各样的，有时候是因为自然地形，有时候是因为土地使用方面的分区等，这些秩序的成因越是与众不同就越会形成聚落突出的个性。用更加通俗的话来说，这样的秩序成因即被称为形式。

聚落比较论

接下来我们来看看不同于聚落单体的观察视角。在我们的旅行中,有时我们可以同时观察到几个聚落,我们也有意地找寻这样的视角,可以同时观察到几个聚落,正是聚落比较论的出发点。例如,在非洲的姆扎斗山谷,站在清真寺的塔顶上,可以同时看到三个梦幻般的小城镇。这样的风景,以壮丽的自然景观为背景,形成一幅感人的全景图。与此同时,视野中出现的那三个小城镇极其相似,一见便知具有完全相同的聚落形式。

然而同时见到形式不同的聚落的机会却不多。比如在非洲的热带草原,我们在部落奇妙混杂的地方,就看到过这种场景。不过,旅行途中一次次远眺出现在视野中的聚落的时候,也可以说我们是在几乎同一时刻观看形式各异的聚落。或者更确切地说,在我们的头脑当中,我们想象出这样的风景的同时在谈论着它们。

特别是,当我们试图对聚落进行分析时,就要对迄今为止所见到的聚落进行通盘考虑。

通过全方位地看待为数众多的聚落,就可以找出其中各种各样的具有规律性的东西出来。不过,能够概括整体的东西出乎意料的少之又少,即使我们找出了规律性的东西,却立刻会有与之相反的案例浮现出来。因此我想,以下所述的内容,还是权且当做旅行中的见闻为好。

(1)不毛之地的聚落,其形态不但明确而稳定,并且也是长期存续下来的,这一点从常识角度也能说得通。这里没有战乱,没有侵略者,人们聚集在一起同生共息，与自然界之间处于一种非常平衡的状态，并且这种平衡也许从很久以前就已经确立下来。这些沙漠、沼泽中的聚落，其本身不但具有建筑角度上的独特风格，同时也因其高度的智慧而获得了安定平和的生活。

（2）在相距甚远的几个地方，都可以看到相类似的聚落形式。其意思是，比如把两个相距遥远的聚落中的清真寺和教堂互相调换一下，我们就会在这两个地点看到几乎完全一样的聚落。对此单单用文化传播已无法解释，而只能用多发性才能进行说明了。并且，在相距甚远的两个聚落之间也可以搭建出相同的模型。

（3）一些拥有某种共同的建筑形式的聚落，其分布的范围是比较狭小的。如果把那些生活在帐篷里的人们按照其部落算作一个聚落来看的话，其分布横跨亚洲和非洲，像麦地那这种具有伊斯兰传统城市形式的城市分布范围也是相当的广泛，但是，聚落形式概括地说，我认为并不应当以文化圈或者国家这种广域概念来阐述，而应当以一个狭小的山谷或者一个洼地这样的局部区域为阐述的单位。

（4）如果仅限于某种特征来看的话，比如部分的装置或装饰，那么拥有这种特征的聚落在世界的许多地方都能够被发现。也就是说，即使具有相当独特性的聚落，如果仅限于其中的一个特征来看，也是可以找到拥有与其完全相同特征的聚落的。

（5）把所有的聚落城镇进行分类并定义是件很困难的事情，如果说再在其基础上编订聚落的分类表更是难上加难。这不但是因为聚落具有极其复杂的多样性，也是因为目前为止还没有对住宅的配置规则进行详细记述的适当的图形分类。

聚落的"世界风景"

去世界各地的聚落旅行的时候，比任何东西都让人感到震惊的，是大自然那震撼心灵的美，而聚落的外观让大自然的美更加夺人眼目。撒哈拉沙漠边缘的小城镇、以雄伟的喜马拉雅山为背景的尼泊尔的聚落，真的是一道道美得让人难以相信的风景。把那些聚落的美丽风景汇集在一起来看，便可以形成一种聚落"世界风景"的印象。

如果说世界观是对世界本质的抽象图示的话，"世界风景"就是具像的活灵活现的世界缩影。我通过这几次聚落之旅，遇到了许许多多连名字都不知道的人们，不可思议的是，他们看上去仿佛就像那些可以洞察这个世界未来的哲学家，因为如果并非如此的话，他们为什么能够建造出如此美丽的聚落、为什么能够表现出对大自然的完美诠释呢？当然，他们也许并没有亲手建造起这些美丽的聚落，但是他们一直在守卫着这出自他们祖先之手的"世界风景"，并且出现在其中的一幕当中，现在他们也一直在继续着"世界风景"的建设。

聚落之旅，说到底还是为我们建造自身的"世界风景"而做的工作。这个世界上所有的人们，都活在各自的"世界风景"里。旅行，诱发人们寻找新的"世界风景"；旅行，告诉我们许多难以置信的现实——那些梦幻般存在的聚落。旅行，让我们的世界越来越宽广，越来越纯净。

曾经，古希腊的哲学家毕达哥拉斯说过，他听到了天堂里流淌的"和谐女神"的天籁之声。如果在这个世界上，有离"和谐女神"最近的风景的话，那就是撒哈拉沙漠边缘的小城镇、以喜马拉雅山为背景的小村庄等美丽聚落，我想这或许就是聚落的"世界风景"。

目录

聚落之旅——地中海

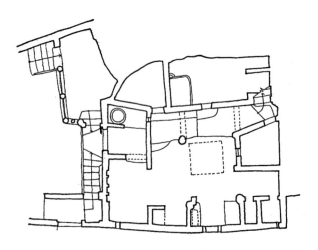

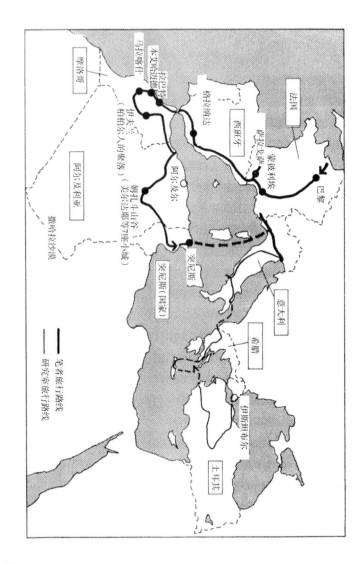

1 踏上旅途

行走的研究室

我们的旅行开始于1972年的春天。目标是直布罗陀海峡为要冲的地中海沿岸的两翼——沿着这个充满了历史传说和快乐梦想的、巨大的内海北部延伸的南欧诸国，以及紧邻撒哈拉沙漠的北非一带——专访那些散布在这两大文化圈的众多聚落。

我们一行十四人，想到将要面对那些我们从未见过的聚落时心情既激动，又感到不安。该以什么样的方式进入那些聚落为好呢？我们外语说的不好，能弄懂彼此的意思吗？途中汽车出现故障怎么办等等。无论如何，我们在巴黎租借了两辆标致旅行车，沿着罗纳河向南奔驰而去，开始了我们的聚落之旅。

这次的出行确实有些心血来潮。在研究室里，我们对于现在不断变化的建筑风格和城市形象展开过讨论，也讨论过被现代建筑忽视了的聚落。但是，至少在城市形象领域，即便对于现代的建筑师们，也未能割舍掉对聚落的向往。我们相互谈论这些聚落，而仔细想一下，这些聚落我们连见都没有见过。较之从书本上的了解，到现场去考察，不是更能理解聚落所蕴含的意境吗？并且通过考察，我们也许会发现一些未曾了解、未曾听说过的聚落呢。

因此，我们启动了"行走的研究室"计划。我们之所以选中了地中海周边地域，是因为在现代建筑中经常谈及的共同体"社区"的概念，是该地区中世纪聚落作为规范的一种存在。从我个人的角度来说，我很想去直布罗陀海峡看一看。听说从前那里曾竖立过"赫拉克里斯之柱"，传说中的"赫拉克里斯之柱"就是通往新世界之门。虽然说它与聚落没有直接的联系，但是我认为"赫拉克里斯之柱"就是建筑的原点。

地中海在很长一段时期里，都是世界的中心。这一点看看地图的历史就会明了。时至今日留存下来的"世界地图"差不多全部都是以地中海为中心绘制出来的。因此，探寻古老聚落的话，地中海周边无疑是最合适不过的。

调查与孩子们

我们被罗纳河沿岸的一个聚落的外轮廓所吸引，停下了前进中的车轮，走进了那个聚落。在村民的注视下，我们一边与村民打着招呼一边前行，紧张之余，我们无法采取任何行动，只是拍了些照片就返回来了，我估计那些村民一定会认为我们是一群奇怪的家伙。

最初让我们参观住宅内部的，是我们进入了西班牙以后，碰到了一个叫做"菲格拉斯"的被橄榄田包围的恬静小镇。我们终于可以以一种非常放松的心情游逛在教堂前的广场上。从那个广场开始接踵而至的是美丽的街道，我们不知不觉地被这些住宅所吸引，走进了一家方正规整的客厅。

真正开始住宅的调查，是在接下来访问的叫做"奎瓦斯"的聚落，关于这个聚落会在以后进行详细的叙述，现在想告诉读者的是在这里，我们遇到了一群十岁左右的孩子，在以后的访问过程中，无论在哪个聚落或者城镇，那些孩子们都能够理解我们的意图，几乎成了我们的地图指南和我们的协同研究者。

在那些聚落或小城镇中，最有活力的是孩子们。在沙漠等地方，大人们看起来都衰老得很早，孩子们实际上俨然成了第一劳动者了，看管家畜、提水、照看弟弟妹妹，这些孩子在每一个聚落都能遇到。这些孩子也给那些聚落带来勃勃生气。

一进入到非洲，这种行为模式便更加明显，我们刚一走进村里，就会被孩子们所包围，我们也因此与孩子们交谈起来。至于语言就无所谓了，最好说日语，大人们则在一旁一直看着。与孩子们之间的交流，通过画图，或者用手比划是最好的办法，孩子们马上就能明白我们想要干什么。

看到我们这些陌生的、奇怪的人而感到非常兴奋的孩子们，已经开始对村民们说明我们想考察一下他们的住宅、想测量一下住宅的面积。于是在大人与孩子之间产生了小小的争论，争论的获胜方总是孩子们一方。孩子们欢呼雀跃地敦促正在向大人们确认是否允许的我们，带着我们进入到家里面并给我们做向导，还拿着卷尺的一端，帮着我们测量。说句实话，在这个聚落调查的报告中，如果按照事情的本来面貌来写，首先就应该把这些孩子的名字写在最前面。

例如，我们在"奎瓦斯"的聚落里，遇到十一岁的少年何塞，让我们非常的钦佩。对于我们磕磕巴巴的法语提问，他马上就给出回答，当得知我们听不懂他的话时，就翻我们带的法语字典告诉我们意思。就这样，我们用字典与那个少年进行了长时间的对话，我们知道了关于这个聚落的很多事情。另外，例如在马拉喀什给我们在迷宫般的街道做向导的看起来不满十岁的少年，他简直就像一个职业向导，可以说五个国家的语言，他一点都不怯场，经常会确认我们一行的人数，留心确保不落下任何一个人。

有关聚落的旅行，就是我们的好奇心与当地孩子们对我们的好奇心相互融合的产物。这一旅程中，我们遇到了好多散发着魅力的村庄，让我们不断坚持再走一个村庄，继续我们旅行的愿望的，是因为我们知道在下一个村庄里，一定有等待着我们的少年，我们为此能够度过一段美妙的时光。

2 为将来的"一张草图"

意外的彻底私有化

下面的故事不按路线顺序来说，它发生在我们造访摩洛哥的一处偏远农村，那个村落几乎由贫如乞丐的人们组成。当我说给他们照一张全家福时，以一个大个子的男人为中心，几个穿着与建筑物完全不相配的服饰的女人带着几个孩子出现在我的面前。那一瞬间我感到心头一震，立刻联想到一夫多妻制。

虽然语言不通，不过却感到彼此间相处很融洽，我试着问你家房子的边界从哪里到哪里，刚说完，那个大个子男人就一下子搂住我的肩膀，拽着惊愕的我大步走了出去，原来我的提问他已正确理解了。我们跨过围在住宅周围的石头墙，来到一处根本称不上广场的，我之前认为一定是共有空地的土地上。他没有停下脚步，穿地而过。途中我看得出他有些狼狈，原来找不到他家的土地边界石了。过了一会儿，他得意地向我指出埋在土里的石头。围着他的土地边界绕了一圈后，我们终于明白了，这个可叹的衰败荒芜的聚落空地，至少到那天为止一直是保持私有的。

在阿特拉斯山脉撒哈拉沙漠一侧有一个叫做伊夫黎的河谷，那里的原住民柏柏尔人所建造的叫做库萨卢的优美村庄散落在其间。那里曾经是粮食等物资的仓库,我们走访了过去作为堡垒的建筑"卡斯巴"。那是一座四角建有塔楼的砖造2层的大房子,现在像集合住宅一样供数个家族居住,前面有一个用土墙围起来的院子,这大约就是最典型的公共庭院吧。院子略显荒芜,不能确定现在是作什么用的。我们向欢迎我们去他家做客的少年打听这个院子的用途,可是他没能明白我们的意思。我们再详细地询问一下,他告诉我们说,你们没看到这个院子被分成了八份吗? 接着就把怎么划分的,其中第二块将来会归他所有等细节告诉了我们。

共有性的再思考

这样的例子有很多,但是在绿洲上的体验迫使我们改变了共有的概念。沙漠确实像大海一样,不断地变化着它的形状,到处都是小沙丘。小沙丘有着光滑的曲面,绿洲被椰枣树的绿色装点着,这绿色便是绿洲共同生活的标志物。走进绿洲,就会发现视野中沙丘有时候几乎会遮挡住椰枣那高大的树干。

在绿洲中走了一会儿,我意识到这些沙丘分两种类型,有一种沙丘的曲面并不光滑。在这个沙丘的背面,一个男人正拿着一把铲子堆沙子。这个男人是个小学教师,他告诉我们,他让学生们在教室里自习,自己在沙漠里劳动,为了保护房子、椰枣树和田地就必须与这些沙子作斗争,如果稍有松

*[图2]阿特拉斯山中柏柏尔人的聚落

懈，就会被飞沙掩埋掉。以前确实没听说沙漠里被废弃的房屋是因为老朽或人为破坏，现在明白了被沙子埋了就没有办法，只能废弃。我问他，是谁来给枣椰树除沙呢？那个老师回答说：所有者。所有者？我回问了一句。

他的回答是这样的。这里所有的椰枣树都是归个人所有的，椰枣树是重要的收入来源，一棵树一年差不多能收入七千第纳尔。这个村庄里有的人拥有几百棵椰枣树，也有只拥有一棵的人，当然也有一棵也没有的人。他一边说在椰枣树之间还可以像这样种植豌豆，顺手给我摘了一大串儿青豆。

沙漠残酷的环境会伤害人的眼睛，因强烈的阳光与沙子的反射，很多人只有一只眼。但即使在这样残酷的环境中，树木们也绝没有形成共有的大片树荫。试想一下，这不就是现在日本的写照吗？能称得上共有场所的也只有道路和少得可怜的公园了，而那些也都处于严格的管理之下。阿尔及利亚变成了社会主义，我们在阿尔及利亚逗留期间正赶上卡斯特罗来该国访问，他受到了热烈的欢迎，但由于抵抗战线刚刚被瓦解不久，当然私有制依旧残存着。曾经的绿洲现在肯定见不到了。

曾经的——我虽然轻易地就写下了这个词，但是那些椰枣树是否曾经收归公有呢？或者说是什么时候收归公有呢？我们没有能力把这些调查清楚。现在我们看到表面上公有的，实际上都在私有体制下，因而即使从历史的常识去推论，我们也不能像柯布西耶那样，轻易地在《寺院发白时》（原著法文书名：*Quand les Cathedrales etaient Blanches* ）里那样尽情赞美一番。不管怎样，"共有性"这一点被打上了问号。

考验构思能力

那么，现在我们看到的聚落到底是什么时候兴建的呢？从居住在这里的人、房子、日期看，完全是现代的聚落，但是，追溯开始建造的年代，如果是欧洲的聚落，有的已经从时间的视野里消失了。一个西班牙的老奶奶说，那是很久很久以前的事情了，给我留下很深的印象。

我们是来看中世纪的聚落的，是的，我们看到了，各个聚落的形态原型恐怕就是中世纪的，但是我们观察的却是现代的聚落。因为我们只能看到存在于那里的物质性的东西，所以我们也只能看到被修改过的中世纪的原型。那么，我们看到的只是躯壳吗？这样说也不尽然。无论是通过尸骨来论证活体，或者相反，我们所做的观测有没有出错呢？

如果以纯粹学术的观点来叩问的话，我并不认为我们的调查或是考察是一种研究。我不打算回避问题，然而我们既没有在历史的刻度上确定年代的能力，也没有那样做的意愿。对于我们来说，最有意义的事情就是能够为未来的建筑和城市描绘出一幅草图而已。

为此，我们必须避免出现这样的情况：在对各处的聚落进行缜密的调查之后，依然免不了落入俗套地表述为"有各种各样的聚落"。然而，我不想那样做。我们的课题是试图将看起来极为多样化的聚落其实是可以用这样的原理进行统一说明的，多元化的现象是由于各自条件不同偶然发生的，而后画出所有聚落的空间结构图。我们要在每结束一次旅行之后，在推敲每一个结构图的过程当中寻找到考察的意义。

在这个过程中难免出现独断和谬误。因此，必须将事实与理论构建区别开来。写有测量日期的广场平面图和住宅平面图等资料制作属于研究的范畴。但是积累了数以万计的资料之后却画不出"一张草图"。理论构建、草图与事实叙述处于割裂状态。

真正被考验的是构思能力、想象能力。看到古希腊时代的地图上面描绘着的圆环状的海洋之神，以耶路撒冷为世界中心的中世纪TO地图，这些都不是事实，但是充分表现出足以支撑起时代文化的强大构思能力。因为构思能力受到考验，所以旅途是忐忑不安的。

过客的视线

更糟糕的是，我们的视线并不是停住脚步的定居者的视线。我们不可避免地带着受现在的总体日本文化所规定的视线。如果通过这种被限定的视线，当我们面对眼前容易搞混时间的观察对象进行讨论时，那些将自己的各种逻辑进行正当化的做法就显得毫无意义。为了"一张草图"而人在旅途，便是我唯一现实的选择。

3 聚落中占支配地位的部分

"教皇广场"与"时钟广场"

实际上在欧洲的时候，我们对有关共有性的概念产生了疑问。这些疑问在我们跨过直布罗陀海峡之后变得鲜明起来，是因为在麦地那我们就知道了广场存在很多种形态。我们的旅行是从巴黎开始的，从那里出发向地中海进发，直到我们沿着海岸线进入到西班牙之前，遇到过相当多的聚落，现场调查过的聚落或者只是远远地遥望过的聚落，情况各式各样。不过当我们接触到这些聚落之后，所谓广场这个词所带有的"市民性的"或者"共有性的"这样的语感，便随着我们不断前行的步伐变得越来越弱。

罗纳河畔的阿维尼翁是一座无论是在童谣里，还是在舞台的故事里都被人们熟知的普罗旺斯地区的中心城市。曾经有教皇居住在这里，这座坐落在美丽河畔边被古老的城墙包围着的城市有着丰富的历史。这座城市从规模上讲是不能与其他的城市相比较的，但是这里的广场却很好地展示了基督教文化圈里广场的特色。

在被城墙包围起来的旧阿维尼翁市内，各处散落着小型的广场，其中作为中心的广场引起了我们的注意。中心广场是由两个连在一起的广场构成的，两个广场中最里面的是"教皇广场"，被一群表情严肃的建筑物：宫殿、教堂、公馆等围拢着，它利用罗纳河畔地形上仅有的高地，占据了城市中最好的地块。地面是石板铺就，略微有些倾斜，教堂的前面有入口坡道，具备了欧洲广场常见的形式要素。只是，有一点稍不一样的地方，就是市政厅等并没有设置在这个广场，它们和剧场、餐厅等一道被安排在了相邻的时钟广场上。

两个广场由一处窄颈部连结在一起，教皇广场比较适合举行阅兵式等活动，而时钟广场就比较适合市民们的喧嚣嬉闹。在搜寻有关教皇广场的历史资料时，发现一幅描绘久远之前教皇广场情景的绘画，与我们脑子里对阅兵式场景的想象完全重合。现如今，这个教皇广场终究还是没能逃脱欧洲城市广场的宿命——被用作停车场。不过我估计，当时的普通市民是没那么容易进入到这个广场的。近前的时钟广场是所谓教皇广场的前院，之所以采用这种分离方式，我觉得与其说是出于功能方面的考虑，还不如说基于方便举行仪式、方便管理等理由的考量。时钟广场上建筑物的装饰非常少，教皇广场的建筑物装饰，一望便知是追求稀缺性、耗费人工的繁复之物。

欧洲的城市或聚落中的装饰分布，一般情况下是以广场为顶点越向外面走，装饰就越少。这些装饰是劳动力的最直接体现，因此装饰也是仪式性的、权威性的象征。从这个角度思考的话，像阿维尼翁教皇广场与时钟广场采用的这种分离形式，用统治阶层权力的不同来解释，较容易理解。我们之所以关注这种分离形式，是因为在欧洲典型的城镇和聚落中，这样分离的两个广场通常会被合并成一个广场。我们意识当中的广场形象是普通市民们共有的，就像阿维尼翁的时钟广场那样，但事实上我们却忽略了像教皇广场这样具有仪式性的广场特性。而我们在各处聚落中所感受到的有关广场的印象，恰恰相反，全都如同教皇广场那样（西班牙风格的广场，很多情况下教会依照仪式用途和田园风格进行建造，但是这两个广场因为被教会所控制，整体来看仪式性的特色更强一些）。

"高城"与"低城"

广场给人的一系列印象包括人与人的接触交流、教堂的钟声和社区生活，这些印象由于在阿维尼翁所见广场的双重性格，已经打上了一个问号，而这种疑问，在我们遇到了高城与低城之后，被进一步加深了。高城与低城这样的称呼是在位于法国靠近西班牙边境的埃尔讷城时得知的。整个聚落被分成位于小山丘上的城堡与位于山脚下的村庄两部分，这样的聚落构成形态我们在非常有名的观光地卡尔卡松城堡已经见识过了。卡尔卡松是在罗马时代开始建成的，直到现在该城堡与城墙还保留得相当完整，这样的城堡在欧洲已经不多见了。城堡位于较高的位置，现已成废墟，只有山脚下的聚落保留下来，这样的例子随处可见，因此像卡尔卡松这样的聚落形式在欧洲应当是相当普遍的。卡尔卡松城堡就好像是从童话里走出来的，从低处的镇子向上看的话，只能看到在起伏的山丘上矗立的城堡的轮廓，但是当你进入到城堡里面时，你就可以看到并排的房屋、矗立的教堂、水井以及洗衣场等聚落的缩小版。这里所说的城就是"高城"。明白这其中的脉络时，突然间我想起了卡夫卡的《城堡》。小说中约瑟夫·K访问的那个村子，我原以为是经过巧妙构思的情节，但实际上有可能就是按照真实的情况来写的。他从村头道路上第一次看到的城堡一定就是这个样子的。从低处的城镇中望去，城堡的城墙孤零零地耸立，好像延伸向空中的崖壁。在低城里是否有很多等待城堡里信息的约瑟夫·K呢？低城里的人们对城堡里，也就是高城里的生活可能一无所知，因为城墙太高了。约瑟夫·K的故事确切地把被城堡征服的聚落的结构性本质表现了出来，现在我依然这么认为。

埃尔讷城也是如此，在高城里虽然没有城堡和宫殿，但是地形上已经把这种区划清晰地分离开来，传统的教堂和庭院都建造在高处，从那里可以尽览低城，高城里作为聚落所应有的要素都有，但是这里的高城与低城的差别并没有像卡尔卡松那样明显。在卡尔卡松"高城"与"低城"在建筑、道路、广场等所有方面都有非常明显的差异，但是在埃尔讷，现在低城在商业方面繁荣，而高城还保留着古旧，这种不同在向我们传达着聚落是由两部分构成的。

高城与低城在历史的久远度上存在不同，区域划分的不同过去代表的可能就是身份的不同，虽然无法断言高城一直支配着低城，但是我们的感观告诉我们，将两者隔绝开来的地形上的差异，直接表达出了这种差别。也就是说，越是处于支配地位的阶层所占据的地理位置就越高，是欧洲聚落集镇的共同特征，这也是我们从众多的观察中学到的。

4 麦地那的体验

麦地那·卡斯巴·库萨卢

当我们的双脚越过直布罗陀海峡，踏进摩洛哥的麦地那，才感到旅行的充实。麦地那非常具有启发性，可以说没有麦地那的体验的话，我们就不可能产生持续海外聚落考察的兴趣。不过到现在细想想，我们那时对阿拉伯文化圈的事情还一无所知。我们所学到的关于城市的知识是关于埃及、希腊、罗马等基督教中世纪城市的谱系，而像麦地那这样的城市系列则是不同于以上主流城市的、完全边缘地带的城市。我们对城市的认知在麦地那城里趋向了一致。

我们访问的麦地那包括得土安、拉巴特·萨累、马拉喀什、福兹等摩洛哥的城市。这些城市从规模上讲，都不能被称为聚落。但是因为我们的兴趣是在住宅的特点和住宅布局方式上，因此说规模上的差别并不影响我们考察的初衷，我们认为把这些规模较大的城市与那些小聚落放在同一水平线上进行讨论不会产生问题。

有关麦地那的印象，在日本被表现出来的就是卡斯巴，这可能由于《望乡》那部电影的影响吧。所谓的卡斯巴，就是在坡地上，石头建造的房子鳞次栉比，远远望去，房屋重重叠叠构成了美轮美奂的图画。但是卡斯巴内部却宛如迷宫一般，这里的居民都有点神秘兮兮，陌生人如果贸然地走进去，估计是不可能出来的。这样一幅想象的画面大致是没错的。然而这里是麦地那，卡斯巴只是其中特殊的局部而已。

我们所访问的麦地那，是一座由罗马时代以前就一直生活居住在这里的柏柏尔人，随着公元7世纪阿拉伯人的入侵，在逐步伊斯兰化的过程中建造起来的城市。柏柏尔人是一个没有自己民族文字的民族，因部落的不同，有的过着游牧为主的生活，有的过着农耕为主的生活。有传说柏柏尔人在公元3世纪被马斯尼萨统一，不过纵观历史就会发现腓尼基人、罗马人、汪达尔、拜占庭、阿拉伯相继入侵他们的土地，还有土耳其，近代以来又被欧洲列强所统治，他们的历史可以说就是一部被侵略被奴役的历史。

然而在侵略者当中，只有阿拉伯人没有对柏柏尔人采取高压政策，而是很好地促进了融合，构建了独特的合成文化，这就是所谓的马格里布文化。马格里布文化圈包括现在的利比亚、突尼斯、阿尔及利亚和摩洛哥等地区，麦地那就是阿拉伯人与柏柏尔人的合作产物。但是，麦地那的原型明显是柏柏尔人的库萨卢。

我们翻过阿特拉斯山脉，访问了柏柏尔人的民族聚落，也就是库萨卢。我们感觉库萨卢就像是麦地那的乡村版，住宅的平面和布局几乎与麦地那一模一样，如果加上清真寺和广场，对建筑物进行统一化处理的话，就完全成了麦地那。库萨卢是由泥坯房集合起来的聚落，沿着内陆河的两岸过着农耕的生活。他们为了防御游牧民部落的袭击，会把收获的粮食等财物集中放在一起，在库萨卢内建起一处共同防卫的壁垒，叫做卡斯巴。麦地那是被环绕着城墙的城市，其中局部做成更加坚固的防御工事或者财宝库。这就是麦地那中的卡斯巴。

麦地那的特性

麦地那所有的住宅平面全部呈口字形，都有一个中庭，也就是说所有的房间都面向中间的院子敞开，而对外则是封闭的。因此，各房屋之间没有间隙。另外，如果只设定一个出入口的话，那么无论怎样的房间排列都是可能的。这就成为了形成麦地那这一城市整体的决定性的城市特性。由于住宅

*[图3] 麦地那的航拍照片

是完全封闭的, 所以道路很窄, 到处都是弯弯曲曲的小胡同。碰到墙后有时拐弯, 有时则走进死胡同, 如迷宫一般。这样的住宅原型在库萨卢的住宅里可以见到。感觉如果把库萨卢的住宅从四周向中间压缩的话, 就成了麦地那的住宅了。

日本的海岛聚落中, 住宅的重叠方式从远处眺望时, 并不能说与麦地那的景像没有一点相似之处。拥挤在一起的房屋、窄窄的小路复杂地在住宅之间穿过, 小路尽端是圈起的石头院墙。但是, 两者之间的性质却完全不同。日本的海岛聚落的住宅是向外敞开的, 住宅与住宅之间没有阻隔, 而在麦地那, 住宅之间相互完全不连贯, 从航空照片上看这个城市, 就像一片散开的青蛙卵。

城市的装置

那么, 迷宫里的道路是否导致了无规划的恶果呢? 这样的道路绝不是人们想象中的随意性强或者是自发产生的那种景象, 我们认为那是一种极其巧妙的有规划城市的复杂机制。可以证实我们想法的就是麦地那的广场。麦地那的广场空空荡荡, 平时有集市时还显热闹, 一旦商人们离去后, 这里只是一块普通的空地, 是任何人都可以随意出入的。不论是广场附近的王宫, 或是主要的清真寺, 都相当低调, 看不到威严的或是仪式性的外观, 这与基督教聚落典型的广场是完全相反的一种形态。空地一样的广场被住宅包围在中间，这是麦地那的一般形态，无数条迷宫状的道路如树枝一样通向广场。

麦地那是在绿洲中建造起来的，从宏观上看只是一个孤立的点而已，如果要与外界进行交流，就要依靠大篷车队穿过沙漠，翻过阿特拉斯山。在一个封闭地区建造的麦地那也是完全孤立的，他们有对资源枯竭的恐惧，不指望能有多大的发展，他们必须防备具有攻击性的游牧民部落，同时也要吸收新的文化，也需要采购各种必要的物资。

因此，城市规划上的天才方案—麦地那模式就诞生了。也就是说，外面的陌生人可以自由地出入广场，广场是个贸易场所，通过商业贸易可以接触到其他地域的文化，可以选择采购自己必须的产品、货物。当纷争发生时，可以躲进住宅区域内避难，陌生人想要进入到住宅区域就会陷入一个大的迷宫当中，所有的住宅就变成了一个个的堡垒。道路两侧墙壁上只有一些小孔，你很难预测到攻击会从哪里发出。那些设计城市的天才们，不需要任何外力的中介，却创造出了一种只接受对城市有利的情报、对过度的干涉可以防患于未然的城市结构。这种效果是不可估量的，现在这样的城市原型并没有发生大的改变，原汁原味地保存下来，这本身就说明了一切。听说解放阵线为了逃脱欧洲的镇压，曾躲进这座城市，大概也是由于这个城市的复杂路网系统吧。

另外，这个城市还兼具一种几乎不允许中央统治的个性。麦地那内部的入口即使到现在，行政部门也无法正确进行定位。有一种说法是柏柏尔人是极度讨厌相互干涉的民族，也因此他们几乎从来就没有作为主体侵略他国的历史。看过这个城市的装置结构，这样的解释却也令人信服。

我们无论在哪里旅行，都能和当地的少年立刻成为朋友，因有他们做向导，无论哪里我们都可以进入并且进行测量，即使在麦地那也不例外，我们进入到口字型的住宅内部进行了测量。但是在外面的道路上，少年就必须不停地来回奔跑，来确认我们的人数。从广场开始才走了30米，我们就已经搞不清自己身处哪里了。

莫纳德学说的麦地那住宅

广场的开放性与住宅聚集区的难解性形成了鲜明的对比，给我们的感觉就是与西欧那种讲求秩序的观念截然不同。在基督教文化圈里，说到广场，正如我们在阿维尼翁的那个教皇广场管窥到的那样，广场是一种位于维护秩序顶端的空间装置。广场的背后隐藏的是直通罗马的强大权威。根据我们的调查，基督教典型聚落的住宅结构中，都有一个与道路相连接的前厅，各家各户通过这个前厅与广场相连。那就像中世纪的地图，如TO图上可以看到的，那是通往世界中心耶路撒冷的一种向心结构的一个部分。

麦地那是个真实存在的城市，各家各户把厚重的大门关闭后，与外界的联系只有从中庭看到的天空。每家每户都各自独立，形成一片互不干涉的天地。清真寺是与住宅并列建造在一起的，恐怕就没有什么权威性了。在住宅区域内，埋藏着一些混沌模糊的、不为人知的部分，它们对这座城市群落的秩序起着支撑的作用。

麦地那的现实带给我们的冲击是强烈的。在物质性方面具有如此明快的整体性结构的城市形态很少。用当下的话语描述的话，它具有一种空间性的信息调控机制。作为城市要素的住宅形式和整体结构，形成了必然的对应关系。要素具有规定整体性的力量。用个旧词表达，这里的住宅是实体的。

这让我想起了莱布尼茨和他的单一论的思想。那个时期的思想家们都认为，物体移动是通过粒子在空间中的依次转导所达成的。亚里士多德的连续论否定了中空存在，这在现代科学中也得到了证明。但是，阿拉伯的单一论思想认为空间是由不连续的粒子构成的，因此，接受了单一论的莱布尼茨就在这种非连续的空间概念基础上建立起了莫纳德学说，当然这只是一种说法而已。不过我们却在麦地那，见到了并没有被很好地传承至今的这种空间概念在这座城中物化后的结果。

每当我们提到团体这个词时，会感觉不切实际，是因为要同时谈论我和你的时候，必须要追溯双方的关系直到无穷远。这与伫立于基督教广场上的你和我很相似。比如追溯到国家的层面，规定你我关系的整体关系式就会变得不知所终。你我自身并不具备团结在一起的能力。莱布尼茨忧惧近代会陷入这种状况而提出莫纳德学说。这是一种内在具有结合能力的单位。而麦地那的住宅，正是这种莫纳德单元。

于是，通过对比观察基督教的仪式性广场和麦地那的通商广场，在我们心中萌生了这样的一种感觉：所谓聚落就是针对内部秩序进行统筹，针对外部的入侵与干涉进行防御的一种方法的物化过程。接触了很多的聚落后，我们的眼里看到的与其说是共同体的物质化表达，不如说是质变后的统治与控制在空间上的投影。作为我们踏上旅程的那个唯一的抓手——共有性的或者说共同性的象征——广场到哪里去了呢？

5 走在奎瓦斯的聚落

奎瓦斯

在西班牙的聚落之中，现在也还存在着横穴住宅的聚落。这些聚落被称为奎瓦斯，与叫做卡萨的普通民居区别开来。我们在去麦地那之前，就已经访问了在奎瓦斯就知道的挂迪克斯、德尔玛克萨哆等地。其实我们得知奎瓦斯聚落是何含义，并不是我们到达当地的时候，而是在我们知道了麦地那、库萨卢等的含义之后。

　　奎瓦斯是指那些在时不时地带有洼地的连绵的丘陵下掏出的窑洞。站在山顶眺望，就觉得"地下社区"这个词太贴切了。我们只能看到延绵起伏的山丘上无数突出的白色烟囱和换气管，感觉真的是这个世界上最不可思议的城市，或者聚落。在瓜迪克斯，就有一个人口上万人的地下社区。

　　我们顺着洼地往下走，那里有一处被奎瓦斯入口包围的空地，或称广场。奎瓦斯的特征当然在于洞穴式的住宅，但其平面却更具特色。如果我们将关注点聚焦在住宅的建筑材料和施工方法上的话，那么我们在谈论各具特色的聚落时，一定会偏向风土文化理论。说起来，因为自然条件是最为人类所共有的东西，但是从朴素的风土文化理论出发，所能解释的建筑群现象目前看还是有其局限性的。

　　这些问题都放在以后再谈，现在我们试着研究一下住宅的平面。在这里，在山丘上掏挖洞穴作为住房，房间布局似乎可以有无穷多个方案，然而奎瓦斯的房间布局却是固定的。每个房间的面积几乎是一定的，小的三米见方，大房间则四米见方。当然其中也有细长的房间。奎瓦斯就是将这样的房间单元，像糖葫芦一样串在一起形成的。

　　入口开在山冈的半腰，用混凝土浇筑成型。第一个房间是带有厨房的客厅，接下来的房间是夫妇的卧室，然后是孩子的房间。孩子们外出时，就必须穿过夫妇的房间和客厅。这样的房间排列形式是基本形，在此之上也有

* [图4] 奎瓦斯的聚落

连接家畜间、储物间以及其他的各种附属房间的情况。房间与房间之间由很厚的土墙隔开，这些土墙支撑着上方的山丘。土墙上开个口子就成为房间之间相通的门户。所以每一个房间都给人以出乎预料的封闭感。如果能把上方的覆土都除去，那么住家的平面就会是一副现代派塑料模型的样子，画成图纸的话肯定非常有意思，给人现代派的印象。

奎瓦斯里没有厕所和浴室。没有厕所也并不是什么稀罕事，柏柏尔人的库萨卢的家里也没有厕所。我所说的应该关注住宅平面，意思是指一开始是客厅，接着是夫妇卧室的这一空间序列。尽管房间可以有各种组合的可能性，但是在所有住宅里都遵守这个顺序，所以自然而然就想到这里面或许存在着某种必然的联系。

作为客厅延续的广场

按照惯例，我们还是找孩子们聊天，在山丘上问了很多问题。我们问厕所在哪里？答案是就在这儿。我一开始没有理解"就在这儿"的意思，从我们的感知来说，这个山丘就是奎瓦斯的屋顶啊，屋顶花园当下是很普通的事，人们在这个屋顶上玩耍，晾晒衣物等等都好理解，不过屋顶当厕所是我们很难理解的。并且没有围挡，也没有划定哪一个地方就是厕所。仔细观察后，我们发现到处都有类似排泄物的痕迹，山丘上基本是草坪的状态，这么说来,这个只能见到换气管的奇妙风景,原来是个绵延不断的排泄空间啊。

如果说山丘上是这样的空间的话,那么洼地对于这种聚落来说就具有极其重要的功能了。洼地将看不到头的整个聚落分成了许多群组,每个群组里有几户到二三十户左右的人家,小住区将洼地也就是广场围在当中,这样的集群也就构成了整个的聚落。从景观上看是看不出这种组群分化状态的。因为没有任何的标识或者地标性的建筑物。有的只是教堂,也是有人指给我们看才注意到。聚落中也有像邮电局这样的公共设施,但都沉没在广场中了。广场与广场之间有小路相连,但也没有联系感很强的感觉。来到广场上,发现眼前是一个与我们目前提及的广场完全不同的景象。

奎瓦斯住宅入口的房间是兼作厨房和餐厅的。奎瓦斯与麦地那的那种只有居住功能的封闭生活感觉完全不同,日常生活并不只限于自家的客厅,而是延伸到广场上。我曾经在东京的那种在第二次世界大战前或者战败后不久建起来的中庭式的公寓住过,所以很清楚那样的生活。各个住户的生活用品跨过走廊,摆放到中间的那个公用的中庭里,中庭几乎就成了一个大厨房、大洗衣房一样。这样的现象与在奎瓦斯完全吻合,广场上堆积着从洞穴住宅溢出的各种生活用具,为了能够收纳这些物件建造起了小型的卡萨(译注:小仓库或小房子)。孩子在这里追逐打闹,家畜在这里来回乱跑,妇女忙着提水,老人蹲在地上,真的很难说是井然有序。当然也没有铺装，甚至没有铺上石板，打比方说的话，这个广场就是各家各户客厅的延续。

如果以基督教典型聚落中广场的概念来定义的话，奎瓦斯聚落就没有广场。在麦地那，我曾把广场比作空地，但那里的广场是因为完全与各家各户的住宅生活分离开来的。而奎瓦斯聚落中本来就没有广场，各家各户的客厅的共通部分凑巧变成了广场，这样分析应该没有问题。奎瓦斯的房间排列顺序，可以追溯到那个为了保护孩子，与自然水乳交融的原始时代的基本秩序，因为在社会化的居住生活中，通常会在房间布局时把主人的房间放在最里面，而在奎瓦斯所看到的相反的房间排列顺序，只能用生活化的广场特征才能加以说明。

奎瓦斯与卡萨

奎瓦斯聚落现在已经成为卡萨城镇的一个附属部分，各种城市设施都被安排在这个相邻的镇子里，奎瓦斯的孩子们也都在镇里的学校上学，男人们也在镇子里工作，现在的奎瓦斯社区已经成为社会底层聚集的聚落，居住在那里的人们也在憧憬着有朝一日自己也能在卡萨镇子上居住。我们请求他们给我们做奎瓦斯的向导，他们告诉我们要带我们去看一看他们的卡萨镇子上的新居，而让我们看到的是没有任何意趣的住宅。

卡萨的镇子是什么时候兴建起来的，恐怕要追溯到很久以前了。奎瓦斯与卡萨之间的关系就像高城与低城之间的关系一样，统治阶层的人相当久远之前就已经搬到了卡萨里居住，奎瓦斯就成了被统治阶层排除在外的底层人的聚居所了。从外面到这里访问的人几乎没有，以空间统治为目的的外部入侵，首先是绝难想象的，所以现在根本就看不出一丝防卫的痕迹，广场完全成为内部交流的场所了。

用广场将各个聚落连接起来，在奎瓦斯实现了与地形起伏的完美结合。在此之外的地理条件下，联接关系有时是通过建筑上的处理来实现的，例如希腊的米克诺斯岛就是这种情形。另外，奎瓦斯型的空间分割法在很多聚落的局部空间中也可以见到。但是让我们感到惊讶的是，构成分割化的要素虽然大量聚集在一起，但这些要素自身并没有发生任何的变种，保持着原型，也就是说，即使在奎瓦斯聚落的中心部分或者中央部分，也没有出现任何其他的分割化要素。奎瓦斯聚落证明了分解后的诸要素具备直接的叠加特性。当然了，如果不存在相邻的卡萨城镇的话，这种纯粹性在当代恐怕是很难被保存下来的。

聚落的内部秩序

所谓聚落内部秩序的维持方法，换言之就是对于集团内部所产生的矛盾的处理方法。这首先体现为各种各样的规章约定，逐渐地这些规章约定就会投射到空间建构之中，通过物化形式表现出来。在建筑技术尚未如此多样的时代，相同形态的聚落就会不断地被建造出来。这期间制定规划的人们一定是处心积虑地把那些规章约定变成空间上的实物。即使是现在，规划这种东西的性质也并没有改变，规划是由具有统治权力的阶层来制定的，对建筑和城市的建设等进行反复推敲的目的是不使矛盾表面化，其结果只能得到表面上的支持。对于聚落是如何形成的这一提问，经常使用的解释里有所谓的自然形成说，我对此是持怀疑态度的。自然形成只能处于人类发展的初级阶段，当人类一旦组成集团部落，只要没有什么意外事情发生，由统治阶层来推敲、制定规划，形成实施的计划，这样的推论我认为是朴素而自然的。

奎瓦斯聚落的组团分割，是按照聚落内发生矛盾时，通过家庭间的交往能够加以解决的户数进行分组的。可以认定，它代表了一种防止局部矛盾扩大，以及防止伴随户数增多时爆发出规模自身固有矛盾的维持秩序的机制原型。我们在奎瓦斯聚落看到了某种共有性的形态，与其他形态相比，这里日常生活祖露于广场的做法，很符合我当初踏上旅程时所持的关于"共有的"形象想象。

三个广场

到目前为止，我们已经叙述了三种类型的广场形式。基督教典型聚落的广场、麦地那的广场和奎瓦斯的广场。这三种广场形式，不但展示出各自的集团内部可能产生的矛盾，同时也展示出应对那些矛盾的解决方式。基督教典型广场通过举行仪式、麦地那的广场通过各家族之间的隔断以及自由通商、奎瓦斯的广场则通过整个集团的分组及各组的家庭单位制，各自实现了各具特色的维持秩序的方法。

这三种形式能够说明的不仅仅是广场，它也能够对整个聚落的组织结构做出解释。这是因为，广场的作用经常是只有在与住宅形式、道路形式发生关联的话题中才能解释得通，而这种关联，是以排列组合的概念来表达的。这三种排列形式可以用几何学模型表示出来。几何学模型与实际案例无关，通常会列出一组包括所有可能形态的图表用于纯粹的理论领域的研讨。如果实际存在的所有聚落能顺利地填入这个图表，那么模型可以视为权且完成，如果还存在空白栏目的话，那就有可能预示着未来应该有新的聚落图景进来填补空位，也就是那"一张草图"。目前，我并不认为这三种形式能构成完整的几何学模型，在此也不想写模型理论的有关内容，那是以后的事情。

6 自然的潜力

赫拉克里斯之柱

从法国南下，沿着西班牙的地中海海岸，我们来到直布罗陀海峡，在我心中涌起了一种感慨：我们终于来了！这个地点连接欧洲与非洲，在世界地图上也是一个惹眼的特殊点，历史上这里也确实是各种文化的交界点。仔细观察，欧洲板块的直布罗陀海角与非洲的休达海角以相互逼近的状态对峙着，大自然的这种地貌，天然形成了地中海的门户。

特别是直布罗陀海角，看上去就像从海中间竖立起来的巨大石柱的柱基。赫拉克里斯之柱，据说是古代腓尼基人在直布罗陀海峡两岸立起来的巨大的圆形石柱，对于环地中海居住的希腊时代的人们来说，赫拉克里斯之柱就是世界的大门。这两个石柱传说之外，在古希腊的神话里，这里也是海神欧申纳斯掌管的区域。我在亚里士多德的著作里得知这两个巨大的石柱，从那时候开始，那一对传说中的，似乎象征着建筑起源的石柱便矗立在我的脑海里。

这想象中的石柱，以地中海为核心好像把当时的整个世界变成了一座寺院或一幢住宅，地中海就是那个恢宏明亮的客厅，在最里面位置，有渐渐可以看清的耶路撒冷的祭坛。客厅里建有很多壁龛和安乐舒适的场所，客厅的周围有五彩缤纷的国家，也就是各个房间。广阔的天空是客厅的屋顶，人们在这里创造了字母，诞生了几何学，兴起了戏剧。能够将整个世界比作一座建筑，证明这种想象力的，就是世界之门的那一对赫拉克里斯之柱。

地形的力量与自然界的边缘

当我们看到现实中直布罗陀海峡地形的时候，使我们再次认识到大自然是支撑人类想象力的源泉这一事实。伴随着我们探访众多聚落的脚步，我们对这一点的理解也逐渐加深。例如，我们遇到过不少依山而建的聚落，人们在地形最高处建造教堂和城堡，建立起聚落秩序，这样的情况就像在前文已经叙述过的法国的卡尔卡松城堡的例子，它修建的城墙是平地隆起部分的延长。我们不得不承认，构建起那高高的城墙是来自大自然的暗示。

人们充分利用地形特点建造聚落，一般来说，人们从远古开始就非常关注大自然的边缘部位，利用其长处建造聚落和城市。意大利的威尼斯和美国的纽约便是充分利用大自然边缘部位的精彩事例。当然在日本也有很多这样的例子，像日本这样地形变化丰富的地方，要找到一处不借助大自然边缘部位之力的地方还真不容易。

阿特拉斯山中柏柏尔人建起的聚落，在充分利用自然界边缘部位分布其住居方面，展示出一种耐人寻味的方法。用土坯建造的聚落，沿内陆河的两岸鳞次栉比。因为建造房屋的土坯使用的是住宅群所在地的泥土，所以整个聚落的色调与大地的颜色几乎完全相同。随着我们的车不断前行，大地的颜色很微妙地一点点地发生变化，其所变化的色调也会同样出现在聚落的建筑上，柏柏尔人的聚落简直就是大地的结晶体！

仔细观察就会发现，这些聚落的排列方式里清楚地显示出由内陆河形成的暗河流域的边界线位置。聚落就建在紧邻暗河边界的外侧。这样的建造方式不但告诉我们他们对水的重视程度，同时，聚落的排列方式也让隐匿于地下的自然界边缘部位变得肉眼可见了。正是这样的建造方法才使得一幅夺人眼目的聚落风景呈现在世人眼前。阿特拉斯山有着令人难以置信的空气透明度及充满动感的高耸崖壁，那些大地结晶体的聚落则让雄浑壮丽的大自然景观更显得分外醒目。

场所蕴含的力量

亚里士多德的场所理论中有一个观点，简要说明的话，可以解释为"所有的场所中都蕴含着力量"。他以物体的运动为例，认为物体运动的原因在于所处的场所。比如，石头之所以会掉下来，是因为石头想回到它原来该在的位置；火之所以上升，是因为火要回到原本属于它的天空。

我们在基督教文化圈中所看到的以教堂为秩序顶点的聚落，正是与亚里士多德的模式图相互对应的。从更普遍的意义上来看，向心式的空间结构本身就是与他的模式图一一呼应的。概念如何解释暂且不表，从自然地形诱发聚落形态这个意义上说，我们在旅行中的所到之处，无时无刻不继续着"场所蕴含着力量"的知识学习。

换言之，聚落就是为了最大限度地将场所中蕴含的力量诱导出来而兴建起来的。正如我们在柏柏尔人聚落所见的那样，人们在可耕地边界线上建造居住空间本身就是一个很好的例证，那里表现出来的是一种极限状态下的均衡状态。

均质空间

笛卡尔和牛顿所提出的均质空间的概念，现在已进入了具象化的阶段，城市及现代建筑正在透过这个坐标系将其描绘的均质空间变为现实。钢铁与玻璃的高层建筑，无论取出其中的哪一部分看都是相同的空间，世界上的每一座城市都在重复建造着相同的建筑。学校、住宅，所有类型的建筑全都在变为一样箱型的均质空间。城市开发计划，都在把山削平、把海填平，似乎想要证明大自然原本是个均质的空间。

我们所看到的世界仿佛是一张空白地图，头顶上的天空只不过是一个无限延续的坐标系，多数人对空间如此认识的结果，就是大自然遭到破坏，引发各种各样的公害。现代的空间概念完全背离了自然，并且这种观念扎根之深已经到了令人绝望的程度，一直这样持续下去的话，人类距离地球毁灭的日子会越来越近。

在姆扎布山谷，一位青年叫住了我们，他从塞内加尔出发，花了将近一个月的时间才到达这里。他皮肤黝黑，眼睛里闪着理性的光芒，说他想去日本学习飞机制造技术。他说已经做好了花费五年时间掌握日本制造技术的心理准备。这个背负着塞内加尔现代化大任的青年在走完他的贫穷旅行之后，一定会在日本现身，最坏的情况是，这个青年不小心将日本自明治维新以来就笃信不疑的现代空间概念学到了手，并变成了自身的一部分。

我们在阿特拉斯山脉对面见到的自然，对于我们来说恐怕是第一次看到的自然景象。地上没有掉落的空罐头瓶，没有可口可乐瓶，甚至连一片纸屑都没有，因为在他们的生活中还没有这些东西。我是在长野县长大的，那里的自然资源丰富，但记忆中的，却是被不断侵蚀的自然。美丽的日本这个词已经有名无实，并且能够讲述大自然故事的人也渐渐不在。

穿越沙漠的时候，我们看到了一群蹲在地上的人们，他们在想什么？他们在交谈什么？天空在他们看来是什么样的？他们又是怎样看待这个世界的呢？很久很久以前，腓尼基人建起"赫拉克里斯之柱"的时候，他们的想象力是否就像看到了海神欧申纳斯那样，他们看到的沙漠和天空是不是今天我们所无法看见的那种景象呢。

在旅程中，我们所见到的，说到底是大自然本来的面貌，而不是均质的空间。现在的建筑活动中被形象化的空间概念大概已经到了该做出抉择的时候了。这种概念已经深深地渗透到了包括科学及生活的方方面面，逃离出去并不是一件容易的事情，但是如果我们缺少了一种文化方面的探寻，不去寻找可以替代现代空间概念的东西，并将其降解到日常生活视线之内的话，就不会产生人类社会的变革。

姆扎卜山谷

位于阿尔及利亚撒哈拉沙漠边缘，姆扎卜山谷里的盖尔达耶等七个城镇，是我们在地中海的旅程中遇到的最具戏剧性的群落。七个城镇都建在紧邻绿洲的小山上，住宅沿山坡密集地建在一起，样子如金字塔一般。七个城镇背靠美丽的自然，梦幻般地出现在我们的眼前，每个城镇的最高处都矗立着一座上面开孔的清真寺塔。也许是因为这个缘故，在我们这些外来人眼里，聚落的整体形象看上去像是带有某种神秘感的、举行某种仪式的场所。我们走近去看时，那个塔的高度不到10米，听说建造塔的唯一一个理由，就是从所有的住宅都可以看到它。这座具备高度意图性的麦地那

*[图5] 姆扎卜山谷的城市—盖尔达耶

姆扎卜山谷的城市—盖尔达耶

风格的城镇就这样形成了。

如果只是依地形而建，是绝不会建成那样如梦如幻的城镇的。七座城镇都留出绿洲来发展生产，继而运用规划原理，对荒凉不毛的小山的特殊地点——山的顶点实施有效的规划。大自然的深奥考验着我们的想象力，也毫无保留地授予着我们营养。

大自然中埋藏着丰富的资源以外的潜在力量，大自然展示给我们的边缘部位和特殊地点，正是潜在力量的蕴藏之所。我们漫步在世界各地的乡村，相对那些从自然条件中解放出来的、先进但却同质化了的城市空间，乡村还保留着其所处地理位置固有的空间逻辑。文化上出现迷茫了就回归自然，这是绝对的真理。这对于我们讲述自身内在自然的时候也是相通的。对于尚未进入表达阶段的文化形象，能够在冥冥之中指给我们路径的，也只有复归最初的自然，依靠其中蕴含的丰富多彩的表现力。

中南美是我们接下来要去的地方，那里的自然缺少棱角，地貌的边缘部位从不外露。对这次艰辛的旅行，我们是有思想准备的。再加上西班牙统治者曾经推行的整齐划一政策，我们对此看来也需要相当的耐力。我在思考的是把那些被聚落围合的内在的自然分布情况调查清楚，做到这一点也就足矣。为了那"一张草图"，我想，条件困难的考察一定能够锤炼我的构思能力。

II

阴翳笼罩下的聚落——中南美

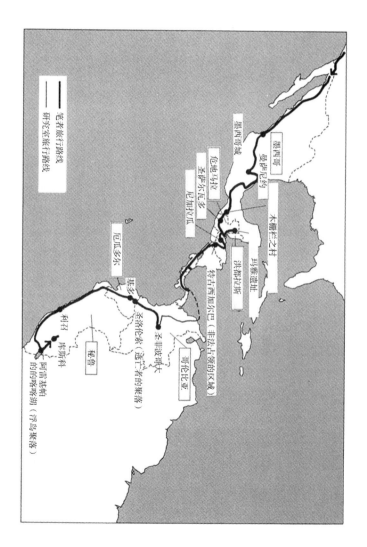

笔者旅行路线
研究室旅行路线

墨西哥城
墨西哥
墨萨尼约
木棚栏之村
玛雅古城
危地马拉
圣萨尔瓦多
尼加瓜
洪都拉斯
巴拿马城
特古西加尔巴（非法占领的区域）
曼多
利召
圣洛伦务（逃亡者的聚落）
秘鲁
库斯科
圣菲波哥大
哥伦比亚
阿雷基帕的的喀喀湖（浮岛聚落）

1 特别的异域之旅

不祥的预感

1974年3月底的一天，我到达了墨西哥城。那天从洛杉矶远涉3700公里托运来的两辆陆地巡洋舰（译注：丰田LAND CRUISER）也到了。经过各种各样的准备工作，有将近半个月没有会面的9人团队终于再一次会合了。为了调整团队的状态，第二天我们去访问参观了城外的古代墨西哥的遗迹——特奥蒂瓦坎古城。

参观历史遗迹对我们来说是个特例，因为我们是以现在也有人居住的聚落为调查对象的。在上一次的针对地中海周边的世界聚落的调查过程中，虽然我们访问了西班牙的格拉纳达，但没有去参观阿尔汗布拉宫。一是因为时间非常宝贵，另外保持精神上的紧张感也是很重要的。我们通过聚落的访问和调查，着眼的是提高自己的话语能力，在论述有关人类、社会、文化等方面的话题时，能具备丰富的话语体系，换言之，我们看重的是能否激发出我们为绘制那"一张草图"的足够的构想能力。我并不认为借助其他对象的做法代表决断力强。不管怎样，我们出发去了特奥蒂瓦坎古城。

绵延两公里左右对称的黄泉大道，巨大的太阳金字塔和月亮金字塔。展望雄伟的几何形状的奎扎科特尔神庙时，我对于形成如此壮观的结构，还没来得及感叹，就发现出发前的那种内心的不安与躁动忽然变成了一种不祥的预感。

特奥蒂瓦坎古城不知为什么笼罩在一片灰暗的阴翳中，这让我感到不安。说它的造型有神秘感也不尽然。特奥蒂瓦坎古城的空间结构非常明快，与埃及神殿相类似。同时我也清楚地知道该建筑群规划的意图所指。但是当这些建筑很微妙地堆积在一起的时候，即使在明亮的太阳光下给人的感觉也是冷冰冰的。好像有什么东西在拒绝我们接近它，在拒绝着情感上的某种同化。我感觉自己眼睛的透视能力被一层厚厚的东西阻隔住了。对于接下来要走访的墨西哥、印加、玛雅等文化圈，我们没有一个地方是熟悉的，完全无法预知在什么地方会有什么样的聚落。

扩散的聚落

旅行出发前，我们就把关注的焦点集中在了自然环境上，拿定主意要认真仔细地进行观察。因为如果能够准确描述在聚落中所展现出来的自然状态，就一定能够准确描述我们所见到的聚落。可是，我们能很好地把握住此后出现的自然吗？这一点说起来，其实是我们的构想能力和想象力的问题，受到考验的将不是自然环境，而是我们的眼睛。可是我的眼睛在特奥蒂瓦坎古城里不是经历过一次蒙上不透明薄纱的感觉吗？欧洲就不用再提了，即使在伊斯兰文化圈，我的眼睛也还是非常管用的。与看日本相比，我们的眼睛好像是专为去观察欧洲和阿拉伯世界而生的，那是双现代的眼睛。接下来我们将渡过巴拿马运河，奔驰在安第斯高原，一直到达智利的利马，差不多将近一万五千公里的旅程，可是我的眼睛能否正确捕捉到出现在我眼前的各种景象呢？

在特奥蒂瓦坎古城出现的不祥预感变成了现实。从墨西哥出发，顺着通往危地马拉的道路，沿着河流向下游进发。在荒凉的墨西哥大地上，河流是非常珍贵的，这些水系一看就知道它滋养了人们的生活、保障着农耕的丰饶收获，我们想当然地认为在这些河流的沿岸会出现结构坚实的聚落。从我们调查聚落的经验来看，在这样的自然条件下，一定会出现那样一种聚落：它们的住居排列规整，边界明确，有各种符合建筑构思的装饰，它们将风景从大自然中切分出来，聚落自身便构成了与自然界的分界线。我们一直等待着它的出现。但是两侧耸立的山峰却始终倔强地迫近道路，不肯向我们敞开一处山坳，河流也只是留下一处沙洲，勉强供几户人家过活，然后向突然宽阔起来的平地流去。那里，一个毫无张力的稀疏扩散的聚落在等待着我们。

我们去找寻海边的聚落。在陆地道路狭窄的中美洲，早上站在大西洋的岸边，晚上可以听到太平洋的波涛呼啸。有时海角突进海中，有时断崖耸立，有时湖海交错，我们奔驰在中美洲的大地上，寻找连续地形上那独一无二的断裂点，在这样的断点上建造起来的聚落，通常是住家与住家相互依偎，好像是为了栽培出一个"自然"，这种建造方法总是能让大自然的非连续性更加凸显。这就是聚落建构的精神所在吧。我们确实找到了一处聚落，然而我们看到的却只是一群倦怠无力排列着的房屋。

社会化的自然

自然原本是什么样的？白天太阳像打在脸上一样的暴晒，晚上却变得很冷。地形的变化也很剧烈，刚刚还在海边，转瞬间却站在了高原上。我们在高原上疾驰，有时也下到溪谷。巨大的火山断层从湖中穿出，延伸到远方。但是与我们表面上看到的地形变化的丰富程度相比，除了秘鲁外，大自然的形态韵味感是很糟糕的，其一可能是因为富饶的土地很少吧。我们终没有见到如法国南部和摩洛哥等地中海沿岸那样的丰腴如女性胴体般的起伏地表，代之以瘦骨嶙峋带有一丝滑稽味道的地表曲线。

在地球上这样的区域里，本来人们应该聚集而居，巧妙地利用自然的潜在力量建造起聚落，通过分割自然构建出人们自己的社会性自然。因为原生态自然的价值不分高低，并与场所的位置无关。聚集而居的人们，通过将自己的社会结构叠加于等价的自然之上，断断续续地界定出属于自己的区域。当人们在培育自然的过程中，自然的等价平衡被破坏时，自然景观便转化成了社会化的景观。观察者可以从一个新的景观中反过来推测这个社会是个怎样的社会，而将自然改写成新的风景的重要因素就是聚落。有突出特色的聚落在其组成建造的过程里，都不可避免地表现出它们是如何共享自然的。而自然条件越是严苛，我想，这种表达或许越会变得越恰如其分。然而，我的这种假想在旅途中却被一次次地推翻。

闪光聚落的缺位

作为第二次的世界聚落调查，之所以选择以巴拿马运河为枢纽的中南美洲，并不是因为那里有着古老的文明，而是因为那里有连结两个大陆的结合点。这样特殊的地点在这个星球上并不多见，我想看看它的周边发生了什么。最初的调查旅行也是这个原因，我们选择了以直布罗陀海峡为枢纽的地中海沿岸作为调查的对象。但是，即使把这两个枢纽放在一起进行比较，这两个地方也是完全不一样的。在远古时期，相传腓尼基人在直布罗陀海峡立起了赫拉克里斯之柱，两个大陆以此为象征，形成了相互对峙的"世界之门"的地貌特征；而巴拿马要塞却只有一座细长的大桥，勉强把两个大陆连接起来。我们看直布罗陀，则犹如透过历史的万花筒，周边散落着游历米利都的希腊历史学家赫卡泰奥斯（Hekataios）等众多流传下来的历史故事。

与此相比，我们看巴拿马那座细长大桥时，眼前甚至感到蒙上了一层特奥蒂瓦坎古城时的不透明的薄纱。如果我们的眼睛状态正常，就一定能从那座破落相的跨桥中，看得出没能完整表达出来的含义与感激。我们只能认为中南美洲大陆也像欧洲和非洲一样，埋藏着可以唤起人们想象力的神秘力量，因为如果不是这样的话，那么那些聚落就不会历经千年还保持着最原始的状态。我相信事实就是如此的，因此，决定把现有团队中的人员分为两组分头进行，这样的结果就是所走的路程比预定的多了很多。不过遗憾的是，在我们的全部旅程中，并没有出现那种让人眼前一亮的聚落。

我们的这一特殊的异域旅程结束了。没有出现期待中的闪光聚落这一事实，在向我们提出变换视角的要求。或许这种要求意味着我们要放弃启程前确立的思想基础吧。

2 外来型聚落与土著型聚落

殖民地风格

我们从成百上千户住宅之间飞速通过。有海边的聚落、山间的聚落、土坯房聚落、石头房的聚落、玛雅聚落、印加聚落，旅程的印象发生着十重、二十重的错综变换。如果让我写有关单个聚落的多样性话题，那么即使这些聚落不具备建筑形态方面的意义,我也会把它描绘成一个完整的世界。

但是,纵观全部的旅程,多样化的变迁给我们留下的印象不深,印象深的反而是整个区域存在一个共同的基本构架。所谓的构架模式图,是一张包含两种要素的住宅密度分布图,虽然这种模式图过于简单化,也许会招来缺乏真实感的批评。图中密度大、住宅集中的点是西班牙在中南美洲建立的具有殖民地风格的城市或城镇;密度小、住宅分散的中间地带是土著或者原住民风格的、很分散地聚落。密度的大小宛如波浪一样周期性重复,从墨西哥城开始的这个波浪,一直延续到秘鲁与玻利维亚国境线交界之处的的的喀喀湖。

我认为可以采用这样简化的模式图,是因为我们当下的关注点集中在整个区域内不存在有建筑特色的聚落这一点上,因此即使我们犯了过度简单化、无视文化的细微差别的错误也无伤大雅,因为这样做既忠实于自己的印象,又可以向掌握整体状况迈进一步。并且,我认为模式图展现出来的这种单纯性也属于这个地域的特征。

造成这种状况的最主要原因,完全在于这一地域从16世纪以来只被一个国家——西班牙侵略过。我们在调查中发现的聚落大多数都出于偶然,这主要是因为我们的旅程限定在了主干道沿线。西班牙在这个地域建造起的殖民地风格的城市、城镇或者聚落,在我们的旅途中,除了亚马逊河流域及安第斯山脉的深处,从中美洲北纬二十度到南纬十五度,可以说在我们所到之处都有分布。

　　在住宅密度高的地方，全都是以方形广场（西班牙式广场）为中心的格子状布局的殖民地风格的城市或聚落。大到秘鲁首都利马、墨西哥首都墨西哥城，小到深山里的村落，这种城市形态的强大渗透力，真的有点让人觉得恐怖。我们对这样一种模式感到了无奈，不过也正是因为这样一种无处不在的、整齐划一的分布状况，却成为一种指标，由它我们可以在广域范围内总结出住宅聚居的结构性原理。位于殖民地城市之间的住宅密度变得很低，距中心广场的距离越远，住宅的分布越分散，其外观也渐渐发生变化，最终出现的是土著色彩强烈的印第安聚落。

　　相对于整齐划一的殖民地风格，印第安原住民的住宅会因地点、种族的不同而呈现出多种多样的布局和形态。但是把两者进行对比的话，就可以把所有的印第安聚落看作一个整体，也就可以绘制出用浓度表示两种对立要素的全境分布图。这两种住宅分布形态反复出现，给我们一种仿佛漂浮在一片波浪之上随波前行的感觉。

　　我们在地图上按照适当的距离标上方形的广场，在其周边再把带中庭（PATIO）的住宅按照距离广场近的密度高、距离远的密度低的规则进行绘制；然后再在两个广场之间的中间区域里，非均匀地散布一些印第安土著住宅，这样就完成了模式图的绘制工作。

　　殖民地风格是西班牙人作为一种理想化的城市模型带到中南美洲的，目的是重塑当地文化。它的广场多为庭园风格，周围用柱廊环绕是必不可少的。大都市里通常有两个广场，一个是庭园风格的，另一个是仪式性的，这是西班牙风格里独特的构成方式。街道呈网格状，住宅沿街排列，这样各个街区里便可以形成一个很大的中庭，各个住户共有这个中庭。西班牙统治者那时想用这种城市形态对殖民地进行清一色的改造，最终，他们做到了。

理想城市的移植

我们访问了位于洪都拉斯山中的圣尼古拉斯城，那是一个狭长山谷里的城市，地形呈V字形。如果把方格路网罩在这片土地上的话，那么几乎所有的道路都将被河流断开，像被烧断了丝的烧烤箅子。但是，西班牙人却决然实施了这里的方格网计划，现在在河的两岸还有断了头的道路隔河相望。他们无论是在山梁上、山顶上，还是山坡上，都决绝地实施着整齐划一的殖民地风格。即使道路被切断，方格路网不再完整，住宅填不满一个街区。最糟糕的情况下，一个街区里只有一幢人家。教堂因为没钱只做了个入口门脸，庭园因为没钱栽不了树，广场四周的廊柱也只能立起三四根，即便如此，殖民者们推行殖民地风格的决心也绝不动摇。

这里真正体现着现代空间的均质化，可以称作是普世空间的先驱、国际主义风格的鼻祖。然后进入到现今的这个世纪，建筑空间中细化后的均质空间，实际上四百年前就已经在城市规划领域占领了中南美洲。这种模式除了几个大都市，几乎在所有的地方都招致了失败。

把这种殖民地风格与欧洲典型的基督教聚落进行比较的话，前者从建筑角度来看，失败是明确无误的。即使是在母国的西班牙，最具魅力的聚落也没有采用这种网格状的布局。西班牙的那些富于魅力的聚落里，各家各户借助不同的自然条件与广场空间紧密联系成为的一个整体，同时从自然界截取一段风景形成内在的环境。选定聚落位置时考虑地形的高低及其与生产用地之间的关系，重视中心广场与各家各户之间对应关系的基本原则，而并不拘泥于某种形式，因此他们在维持内部秩序，将规则物化于聚落空间方面取得了成功。但是在殖民地风格的城市里，情况却完全不同。他们不仅无视场所中所蕴藏的潜在力量，而且根本就没有考虑住宅平面与广场之间，或者与生产用地之间的对应关系，那是一个将两者作为统治手段的人造城市。基督教的典型聚落，通过把空间的功用与生活相协调达到维持秩序的目的；与之相比，殖民地风格则是以空间规划的形态来充当维持秩序的角色的。殖民地风格之所以失败，是因为他们将这种建造城市的形式语言应用在了所有的地方。在那些没有完成城市化的地方，"形式"给本就荒凉的自然又叠加上了另外一层荒凉的景象。

土著型聚落

如果我们从上面的简化模式图中将殖民地风格的城市和聚落全部清除掉的话，那么，那里将出现一幅和我在特奥蒂瓦坎古城所见到的那片阴霾一模一样的图景。这片住宅分布密度稀少的中间地带里，看不到一个有建造痕迹的聚落，但是这片土地却用它独特的情境向我们展示了它丰富的一面，刷新了我们的认识。在墨西哥，当我们初次遇见肩上斜披着粉红色薄布的一群男人的时候，让我们吃了一惊，他们腰间挂着刀身较宽的砍刀，我们甚至以为这些人大概是在什么地方参加什么仪式的。

不过当我们进到聚落的时候，才发现所有人都是一样的装扮，原来那是制服。这些印第安人无一例外都身材矮小，多少有一些滑稽的味道，表情总的来说并不开朗，多用一种不太明白我们意思的眼神注视着我们。印第安人分属多种多样的语系，因为日常生活中使用独特的语言，对于不懂土著语言的我们来说，多数时候不得不通过他们叫来的孩子当翻译才能了解彼此想要表达的意思。当我们穿过难以分辨的小路被带到一处幽深树林中的聚落里时，虽然我们已经做好了应对各种突发情况的准备工作，但还是意外地被一大群身着白色制服、腰挎长刀的男人包围在一个狭小的广场上。就在我们感觉大事不好的时候，一位年轻漂亮的白人小学女教师从分校赶来解救了我们。

从纯粹意义上讲，很难说这是非常偏僻的聚落，但我们却好像显得相当奇怪，女人和孩子们都躲在阴翳里窥视我们。虽说感到害怕的是我们，但当我们试图接近她们时，她们就像寄居蟹一样一下子就躲进房子里。男人们都出去户外劳作，女人好像一辈子都在家里忙碌着，所以无论在哪里一直都感觉印第安女人和房子是一个整体。

关于服装，看上去是的的喀喀湖周边的克丘亚人的服饰。这里的女人身材都非常出色，镶嵌着原色的服饰在这里并不怎么少见，她们常背着一个盛满东西的大包袱皮走路，头戴茶色的半球形宽边帽子，感觉非常可爱，即使是老婆婆也戴这种帽子。换做日本人的话，也就到十岁左右的小姑娘还可以戴吧。与我们之间无论从审美意识还是对是否般配的感觉来说，都有相当大的距离。

就像服装方面他们穿制服那样，他们的房屋也都规格化了。规格尺寸都比较小，可能是按照他们的体格大小来定的。建筑材料因种族的不同而不同，不过总体来说都采用的是分栋式，很多都有围合的前院。各栋房屋感觉像日本的小屋，不同族群各有各的样式。分栋式在全区域内有统一的规则性，首先是卧室与厨房是分栋的，但采用大家族制的聚落里，每一对夫妇的分栋要优先于卧室和厨房。地面是土的，不少家庭也用床这样的家具，厨房也是极其简单的，有的只摆放三块石头就算是厨房了。个人物品非常少，在这个中间地带几乎没有让人联想到现代化生活的用品。非要举例的话,也就是小店里还卖个可口可乐什么的。

即使与马格里布的原住民相比,融入印第安人中去也是非常困难的。很难读懂他们的面部表情,他们相当彻底地拒绝了我们进入到他们家中调查的请求。在秘鲁海拔四千米左右的高原阿尔蒂普拉诺,三天的时间里我们到处请求参观,可是接二连三地遭到拒绝,结果是可以进去调查的全都是废弃不用的破房。对我们来说成功完成印第安人的家中测量的仅限于这几种情况:机缘巧合,受排挤孤立的家族,或者背后有帮助我们的人。我们在地中海沿岸调查民居的时候,最好的帮手就是那些我们所到之处围上来的孩子们,有他们领着,我们想去哪里都可以办得到。但是在这里,连孩子们都不肯接近我们。有一次,学校老师替我们问他的学生能不能带我们去他家,谈了好长时间,最后还是被拒绝了。

牢固的共同体意识

在这片中间地带里,也有教堂的影子。但是在这种离散性强的聚落里,教堂并不占据中心位置,而是被推到了聚落的边上。我对宗教并不很熟,但是通过我们团队中的佐藤澄人的解说——他在昭和女子大学攻读文化比较专业,知道这里的人多数信仰圣母玛利亚,祭祀仪式却不太像天主教,带有强烈的土著宗教气息。在一个教堂里,透过对比强烈的原色布料装饰，我们看到裸露的土地上立着蜡烛，一个女人正在祈祷的样子，貌似在施咒。在另一个教堂里，我们看到墙上重重叠叠地挂满了各种半圆形的剪纸饰品，那明显不是天主教的陈设，而是玛雅文化的装饰。

他们的共同体的意识总的来说惊人地牢固。我们可以从他们在服装和房屋分栋的统一性方面推测出这一点。仅凭他们阻止住了强大的西班牙风格的浪潮来袭，如此顽强地圈起这片中间地带，这本身就强有力地证明了共同体的存在。他们是被现代化遗弃的残部？前面简化模式图中的两个基本要素，用先进的部分与落后的部分来解释没有问题吗？不，我觉得解释成一方是不得不接受现代化的，另一方是彻底拒绝现代化的，这样更容易让人接受。那么，彻底拒绝的架构是什么？或者说聚落中没有中心，靠什么样的结构来维持这种共同体呢？

到此为止我们所见到的，具有可持续性力量的聚落都有自己的中心。中心的形态或存在一定的差异，但无一不是以自然为媒介，通过与住宅的紧密结合建立起聚落中心，完全依赖于整体上的空间统合能力。为了让我们的简化模式图更具说服力，我们必须透视那些分散在中间地带的住宅，它们的排列隐含着怎样的含义。为此，我们的眼光需要一个转换的契机——一个释放想象力的契机。

3 蒂卡尔的聚落

尤卡坦半岛的丛林

蒂卡尔古城遗迹现在已经成了可以乘飞机去的观光地。决意去蒂卡尔古城并不是因为那里是低地玛雅文化的代表性古迹，那里只不过是我们为考察尤卡坦半岛丛林的一个目的地而已。沿着发源于危地马拉中部高原注入墨西哥湾的莫塔瓜河顺流而下，看到豁然开朗的一片低地上孕育出盖着棕榈叶屋顶的房子。想象着如果丛林中建有这样一座住宅密集的城镇的话，单程将近三百三十公里的旅途劳顿也变得轻松了，但实际上我们走到一半时，上就知道这样的城镇是不会出现的。

尤卡坦半岛的热带丛林出乎意料的明亮，高大的树木如桃花心木、人参果树、面包树都生长得非常茂盛。有一种说法说这些树的高度能达到四十五米，但从我们所看到的情况来看，好像平均也就在三十米左右。尤卡坦半岛的根部地形高低起伏，突出部分也遍布密林，密林中不时出现一些空洞，几户或几十户规模的人家聚居在那里。那些空洞原本为了栽种玉米，是砍伐密林后形成的。

玛雅文化圈从远古开始就一直重复着采伐—烧荒—栽种—休耕的循环，不管是在高原还是低地，即使是现在，这也是唯一的耕种方式。这里的玉米田地，例如我们到过的尤卡坦半岛的佩田地区，就是必须耕种两年休耕四至七年的。空洞背后是不断迫近的密林，在那里我们始终没有发现密集的住宅群。

蒂卡尔的神殿

当我们的双脚刚刚踏进由两个左右对峙的金字塔——蒂卡尔神殿I与神殿II构成的大广场时，我看到曾经在特奥蒂瓦坎古城见到的阴翳更浓烈地映射到塔身之上。这到底是怎样的建筑啊？我的脑海里瞬间闪过希腊的帕提农神庙和哥特式教堂、伊斯坦布尔的清真寺以及耸立在直布罗陀海峡的那对幻想中的赫拉克里斯之柱的身影。金字塔相对而立，如此完整优美的广场是独一无二的。金字塔的坡度非常陡峭，我们攀着石阶一口气登了上去。真的是太陡了，但我们看不到为达到此目的的任何建构性要素和几何学形态的排列，相反却感受到一种弥漫着的无形的波动力。古代的人们在这里都做了些什么呢？

离开广场登上4号神殿的时候，眼前出现一片缥缈的绿色平原，这是展开的地平面。只有1、2、3号神殿顶部的祭坛，冲破这一绿色地平面和密林的树冠，傲然耸立。这里展开的风景，与基督教文化圈的那种沉稳且有边界的风景完全不同，它无边无际、能唤起人的某种狂野的想象。那不是金字

* [图6] 玛雅文化遗迹蒂卡尔的神庙I [摄影：铃木悠]

塔，而是瞻眺世界的瞭望塔。

由石灰岩构成的尤卡坦半岛，在远古时期曾经是海底，随着地壳的变迁而渐渐浮出海面，逐渐地被森林所覆盖，慢慢地也有人类开始居住。但是，对于生活在密林中的人们来说，三十多米高的树冠面与海平面是不是一样呢？从密林中的空洞向上看，是不是就像从大海深处看海面一样，只有局部是明亮的。当西欧人钻出海平面开始把握世界的全貌，不断地描绘天体模型的时候，在低地玛雅，人们建造了展望世界的瞭望塔。在广场上感受到的无形波动，那种试图刺破绿色平面的力量，是否源自恐惧呢？从至今不曾变过的风景里，我们不难想象过去曾经登上那瞭望塔的少数人在说些什么，那肯定是些充满着疯狂与恐怖的话语。

那话语的余音现在仍在广场上空回荡，建造起如此巨大的瞭望塔的动机，不管它是原始的或者是借用古代的某种表达，应该都是出于想在这个世界上凿出一个孔洞的愿望。因此与其说人们为建造如此巨大的建筑曾受到煎熬和强制，我宁可相信那一定是人们主动参与的行为。

但是，当瞭望塔一朝建造起来，并被少数人所独占，当他们站在上面眺望世界，广场上回荡着他们那狂野的声音的时候，这作为仪式中心的瞭望塔，在玉米地里辛苦劳作谋生的人们眼里，又该是怎样的一种景象呢？这声音是那些站在塔楼上知晓世界的人发出的，同时也是扰乱日常平静生活的声音，人们在倾听这样的声音时，有没有心生厌恶而想过逃离呢？

异质的中心

通过考古发掘得知，这个遗址在作为人们的生活中心的当年，住宅的分布不过是一公顷土地上生活着一个家族。围绕这个巨大的建筑群，现在零散的住宅分布与当年的情况相比并没有大的变化。如果事实确实如此，蒂卡尔与西欧和阿拉伯等地相比，就是一个性质完全不同的区域中心。

一般而言，中心会形成一个引力场。古代墨西哥的特奥蒂瓦坎城就是以强大的吸引力而著称的。更进一步说，对于低地玛雅之中有限的几个遗迹，其中心的这种特殊性应当受到重视。对于一般人而言，这个中心多多少少具有一种让人感到压抑的特性，或者换一个角度来看，这里打造出了一种作为统治技术的、让人无法接近的形象，统治者也许正是通过这种形象对人民实施统治的吧。

事物具有产生这种寓意的力量，人们尽管对此有充分的认识，但事实上却又经常不在语言层面上表现出来。现代的逻辑以实证性为纲，排斥这种不确定的东西，并禁止人们去想象。用现代的方法，能够对那些产生于尚不存在近现代逻辑的事物进行透彻的解释吗？从蒂卡尔的自然和由此产生的建筑物中，我能想到当时的人作为远望离散型聚落的一种手段，学会了透视图的绘制方法，但现在支撑这种绘图法的理论和语汇还不丰富。我们是否应该将蒂卡尔的风景尽快绘进"一张草图"之中呢？

但明确的是异质"中心"的概念以蒂卡尔为主逐渐明朗，从建构性和几何学的感观出发，似乎必须将表面看上去荒凉一片的离散型住宅群看作一个有意义的类型。然而这个以建造能力为傲的西班牙民族在到来之后，虽然没有建造起他们自己的中心，但延续了与昔日无甚大异的日常生活居住群；从这一点上看，殖民地型与传统土著住宅群二者形成的模式当中，强行加进了古代作为中心的遗址群，这三方面的要素描绘出一种新的模式，并且它要求三者具备同时代的特征。

4 各种各样的聚落

特异性聚落

在我们的旅途中，并非没遇见过个性鲜明的聚落。接下来我将叙述的"木栅栏聚落""黑人逃亡者聚落""浮岛上的聚落"等，都是极具个性的案例。"违法占据的街道"在中南美洲的很多城市都可以看到，说起来也是一种城市形式，但在下面要介绍的特异性聚落里，起码在我们访问的范围内没有发现类似的情况。说起特异性聚落仿佛是发生突然变异后产生的，因此都很有趣，在见到的一瞬间，便可以抓住其特性的那种。在这个意义上它们也是很容易被理解的聚落。

我们在探寻兴建这些特异性聚落的原因时，了解到其中有几种类型。其一正如"黑人逃亡者的聚落"那样，是完全建立在与周边聚落完全不同的地理条件的基础之上的。非洲的姆扎斗山谷里的小城市群就是那些逃亡者们建造起的聚落中的一例。另一种特异性聚落是通过建造大规模的空间装置来实现的。造成这种情形的因素有两种，要么是因为周边的聚落与其在地形上有着很大的不同，没有采用大规模空间装置的必要，要么是其他聚落使用极其简便的方法就可以达到目的。前者的例子正如"浮岛上的聚落"，后者的例子如"木栅栏聚落"，可以说两者都与周边的聚落格格不入，有着强烈的存在感。

　　或许在距离我们走过的道路相对较远的地方，隐藏着为数众多的这样具有特异性的聚落。在中南美洲，特别让我们感觉好像隐藏着这样的聚落，不过真的要去找出它们，恐怕非得组建一个真正的探险队了。

　　遇到特殊的聚落让我们的心里很轻松，因为在我们的中南美洲之旅中，所到之处聚落的形式几乎没有任何变化。上一回旅行是在地中海沿岸区域，基督教文化圈的聚落、柏柏尔人的聚落、麦地那等，所到之处聚落形式各不相同，并且在这些聚落形式中还可以见到为数众多的独具特色的变种。与其相比，中南美洲的聚落之旅是非常单调的，因此当我们遇到特殊形式的聚落时，喜悦的心情也就格外强烈。

　　我们发现了一个带有木栅栏的聚落。非常少见的是，在满目苍松的高原

＊［图7］木栅栏之村［摄影：铃木悠］

上,那平和的大自然中,以大山为背景点缀着稀稀落落的房子,教堂建在木栅栏之外,把房子围起来的木栅栏里三层外三层的,长长的交错在一起,哪里是断开的、哪里是连在一起的很难搞清楚。在看不到人影的安静的村子里,我们就好像站在拼图迷魂阵里一样。大片围栏里有一两户人家,伫立在更小的木栅栏当中。每家都围有两道木栅栏,栅栏与栅栏之间是家畜的领地。

我们顺着最外围木栅栏之间的小路前行,那条小路与一块开阔的空地相连,空地上除了有一口公用的水井外就什么都没有了。我们用了不短的时间通过了几道木栅栏,感觉在各处住宅里有无数双眼睛在注视着我们,让我们感到阵阵恐慌。这里与马格里布的麦地那那种墙壁迷宫完全不同,在这里简直就像置身于牢笼之中。

这也是一种为了保卫家园的天才设计,它完成了一种监视入侵者的空间装置,这种起监视作用的结构在离散型住宅格局中是共通的。当我们走近那些房子想要进行测量时,那些围栏中的人们全都走出家门,观察着事态的进展。他们只是站在自家的门外无声地看着你,绝不会靠近你半步。即使我们得到准许进入到房子的内部,也总是在那些沉默的监视者们的压力之下承诺被最终取消。有时我们也遇到过在测量的途中不得不中止测量活动的情况。"木栅栏聚落"本身暗示了离散型聚落的空间布局本质,我想我们的离散型集合模型完成时,这些特点都将被吸纳进去。

组团状的村落

在危地马拉的亚哥阿提兰湖畔，我们发现了一个组团状(这里指一连串以庭院为核心的复合住宅)的村庄。在面向湖面的陡坡边立着栅栏，其间有个教堂广场，住宅分散隐藏在斜坡和树木的后面，数幢房屋围合起一个前院，一条小路连接着教堂广场。居住形式采用大家族制，以每对夫妇为单位分幢居住，房屋建造得规范且格调高雅。在村边修建有造型规整的公共洗衣场，教堂具有浓郁的乡土味道，很有力量感，显示出一种坚实的共同体格局。

我还从未见过像这么完美的组团布局，其本身就构成了一种模型。居住在这里的全都是说土著语的纯印第安人。从住宅的前院与中央广场之间的对应关系来看，与基督教文化圈典型的聚落模型完全相同，不过基督教文化圈的典型聚落并不形成分散型串状的组团，每家的房屋相互之间更加靠近，人们比邻而居。虽然中心的性质完全不同，但在日本的海岛聚落里却也有类似这种布局方式的例子。

如果涵括建筑的精确性、向心性、封闭区域、分散型布局等几个方面来看，虽然说这个聚落里居住的都是印第安人，但明显属于建筑上的梅斯蒂索人(白人与印第安人的混血)，它是一种我们在殖民地风格里见不到的文化融合的成功案例。与此相类似的建筑意图随处可见，但是大多数从文化融合上来看都是失败的。这个小村庄的成功，或许因为曾有那么一位规划师，他读懂了自然地形的小尺度边界与村落组合方式之间的协调关系的缘故者吧。

"私搭乱建的街区"等

中南美洲城市的特征之一就是紧贴城市建成区，周边都有私搭乱建而成的街区，而且在那里居住的人绝对不是少数。人们把这些非法占据私搭乱建而成的住宅群叫做巴瑞阿达或乏维拉（译注：barriada, favela——贫民窟）。有关里约热内卢的贫民窟，我们在日本通过电影知道一些情况，所以我们就赶往洪都拉斯的德古斯加巴，调查那里的贫民窟。虽然那里的房屋都是用简单的建筑材料建成的，但在浑然一体的街道里，一方面给人感觉杂乱无章，另一方面又让人感觉到存在着某种奇妙的秩序。这种秩序允许复杂繁复多种要素同时存在，可以认为，在今后的建筑实践中将受到很大关注。

在进行中南美洲的聚落调查之前，我预先去过一趟哥伦比亚、厄瓜多尔和秘鲁。在厄瓜多尔的山中，从巴士的车窗发现一处景色美丽的聚落，在幽静的山谷里，那个聚落犹如世外桃源一般坐落在那里。查阅资料后得知，那个聚落据说是由原本居住在太平洋沿岸的黑人逃亡者们建造起来的。

*［图8］特古西加尔巴的"私搭乱建的街区"

这次的调查之旅的后半程，我们的调查团队分成了两组，我无缘去访问那个聚落，但是我们研究室的另一组对这个聚落进行了详细的调查访问。说起逃亡者的聚落，就像撒哈拉沙漠边上的姆扎斗山谷里的小城市群那样，这个芬卡尔聚落也有着一种非现实性的外观，他们建造的是另一个世界。

地理学上很有名的墨西卡提坦岛（译注：Mexcaltitan）的聚落，坐落于墨西哥的太平洋沿岸。我们研究室的先行团队驾驶着陆地巡洋舰越野车，从洛杉矶到墨西哥城的途中访问了该地。我自己虽然没有去过，但是该聚落与我接下来将要叙述的"浮岛上的聚落"一样神奇，所以在此想简要描述一下。这个聚落是一座直径三百米左右的小岛，只能坐船才能过去。到了雨季水位升高以后，所有的道路就变成了水路，各家之间人们只能靠独木舟来往通行，并且整个小岛呈几何形殖民地风格城市的构图，就好像只有在故事中才会出现的那样。

从宛若故事中的场景这个意义上讲，的的喀喀湖上的"浮岛上的聚落"也毫不逊色于墨西卡提坦岛，它就像出现在《格列佛游记》中的村庄。在海拔四千米的高地上，光是有一个巨大的湖泊就够让人惊奇了，然而就在那个湖泊上有一座漂浮的浮岛，并且还有人居住在上面！住房都很小，是用芦苇建造的简单的棚屋，感觉像帐篷一样。浮岛上这些轻巧的住房聚在一起的样子，成了一种介于人工与天然、清晰与融合之间的边缘态表达。人们为什么要居住在这个浮岛上呢？是因为他们在这个浮岛上找到虚幻世界的感

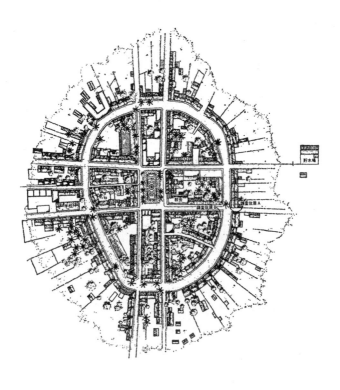

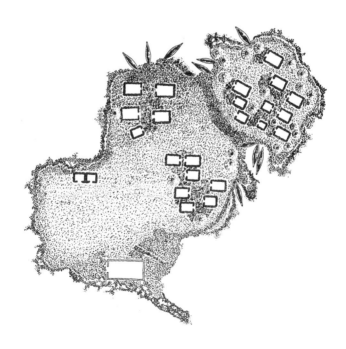

觉了吗?

城市型住宅

秘鲁太平洋沿岸的风景,与墨西哥到危地马拉一路上的风景相比,韵味绝对好很多。沙漠突然间遇到了大海,抵抗着汹涌而来的巨浪。太平洋冰冷无机的海水,即使艳阳高照,这一带也感觉冷飕飕的。我们就好像劈开一幅超现实画作一般奔驰在这片大地上。

50多条河流从安第斯山脉流出,从沙漠中切削出河道,形成一个个肥沃的绿洲。在古代,文化之花在这些绿洲之中或绿洲的边际地带争相怒放,比如在昌昌地区就诞生了要塞城市。现在,这一带就存在着各种各样的聚落:有建于绿洲边缘的聚落;有建于绿洲农耕地上的聚落;有建在沙漠中的聚落,或建在大海与沙漠交界处的聚落。这些聚落不但有着各种各样的成因及住宅的排列规则,又有背靠的自然景观因素,各个都令人兴趣盎然。

这些聚落都有一个共通的住宅类型,并以此要素的不同排列形成聚落群。住宅要素,是由前方局部平屋顶,后面由原则上与建筑同宽、高度与外墙几乎同高的围墙围合成的带柱廊的庭院构成的基本组合型。

这种类型具有并列连接的性质,原本属于城市型住宅。并且因为带有柱廊庭院,住宅本身的独立性强,适用于所有方形直角相交的所有排列方式。也正因为如此,它不适用于向心性强的布局形式,又由于连接方向是固定的,所以缺乏与其他建筑物的结合能力。我似乎看到了它与昌昌古城,或印加珐西古城等直角布局系列在同一性方面存在的久远关系。这种住宅布局方案即便原封不动地搬到现代城市里也同样有效,实际上,此种类型在如今的中南美大都市里相当普遍。

5 离散型聚落

住宅的离散性扩张

远眺散落在危地马拉中央高原上数不清的扩散中的住宅,我不禁脱口而出: 这不就是个都市吗! 目力所及的起伏的大地都被耕作,遍布山坡、山谷的农田里到处都散落着人家,猛一下时,似乎除了住宅以外没有别的建筑物。我们在访问位于秘鲁与玻利维亚国境线处的的的喀喀湖的时候,在海拔四千米的阿尔蒂普拉诺高原上所见到的风景与这里非常相似——肥沃的河流冲积平原上一望无垠的耕地上,散落着数不清的房屋。把这样的景象称作田园风光,住房的密度显得有点高。倘若把这些散落各处的住宅集中到一起的话,完全可以形成一个大村落。称其为离散性质时,这一带却又

＊［图12］危地马拉的离散型住宅

称得上热闹，这就是典型的离散型聚落的风景。

使用消去法筛选后剩下的那部分，应该就是纯粹离散型住宅群的范畴。于是我们可以在示意图上得到某种形式的分区，这样，墨西哥中部高原的东边与危地马拉的国境线附近以及危地马拉中部高原与尤卡坦半岛的低地、秘鲁的阿尔蒂普拉诺高原就会被筛选出来。其实，这些地区自古以来就是文化繁荣之地，现在仍是印第安人集中居住的地区。

例如，即使存在着海拔高度和降雨量方面的差异，阿尔蒂普拉诺高原与柏柏尔人居住的阿特拉斯山中的地形也是极为相似的，两侧绵延着岩层裸露的粗犷山体，水流区域却是清晰明快的。柏柏尔人聚集而居，墙壁相接，建造起叫做卡斯巴的共同防御用的城堡，聚落无一例外地建在水域线的外侧，简直就像是泥土的结晶。

而在阿尔蒂普拉诺高原上，即使是一样使用土坯建造的建筑物，各家各户之间也都留有一定的空隙，分散而居，并且一户人家之内还会分栋。像公共广场、教堂只有到城镇里才能见得到，形象上与城堡相去甚远。他们的住房也建在水域之内，建筑物的颜色虽然与山地一致，但是这里却与"土的结晶"这种描述也相去甚远。如果我们把柏柏尔人的聚落比喻成引力场的话，那么阿尔蒂普拉诺高原就可以说成是排斥力场。当然危地马拉中部高原与阿尔蒂普拉诺高原的景象绝不是愈来愈分离开去的形象，而是一种排斥力保持均衡的状态。

这种离散型的住房排列并没有形成任何有造型意义的聚落,它对于排列本身并不关心,它关注的是房屋之间的间距。房屋看上去都很寒酸,全部采用分栋的形式。各栋房屋围有庭院形成内核,不过房屋与耕地之间并没有明显的分界,两者浑然一体。聚落中的房屋不是向自然地形的边际部位聚拢,反而像是在中和自然的边缘部一样离散开去。

然而,每栋住宅又保持着一定的形式规律,同一个部落保持着相同的形式,另外,栋间的距离也基本上相同。虽然说住宅的建筑材料会因所在的场所及所属部落的不同而不同,卧室与厨房采取分栋方式、一栋房屋的体量及平面布局等方面,存在着超越部落的共通性。这里的居民几乎都是印第安人,但也不能否认白人和梅斯蒂索人有时也在这里居住。聚落中基本上不存在为了集体防御的物质性装置,但是在危地马拉中部高原,在公元10世纪前后也曾有过为了抵御墨西哥人的入侵而建造起来的中心城堡。另外,各家各户也没有什么特别的防御措施。虽然在城市附近建有围墙,但将此认作是一种城市规模的廊柱型中庭住宅的无序扩张,似乎也是合理的。

间距的意义

住宅之间的间距是离散型住宅排列的最基本特点,间距最重要的意义或许在于让住宅附近附带上生产用地,也就是说赋予每一栋住宅独立性,但也在空间方面预留了一种互相监视的机制。它是一种方便双方同时看得到对方的布局方式，也就是说是一种方便近距离内进行交流的空间结构。如果每户住宅密集地排列在一起，有时就会造成居住空间的封闭性，这是现代城市的日常生活经常告诉我们的。住宅的间距，恐怕无法用形成自给自足的体系完全解释清楚。玉米地休耕这件事，或许对有些地方而言是说明间距存在理由的重要依据。

间距发挥的作用中，另一个重要方面，应当是有关生产用地私有制方面的，与沟通交流方式相关的。也就是说这种空间装置可以起到降低来自分散式住宅外部入侵风险，同时，通过彼此间的监视达到维持内部秩序的目的。因为这个原因，每当我们访问某一人家时，他们总会因为无声的压力而选择拒绝。

但是间距的意义仅限于此吗？当我们把那间距与过度狭窄的居住空间一并进行思考时，脑海中便会浮现出一幅各自独立又受到统领的家族形象；家族之间或者家族代表者之间交流方式的画面。当然男人们是需要互相协同作业的，耕种、建房，这类工作都要求必须有协同完成的环节。但是，我们并不会因此便产生出村民相互依赖的想象。

相比之下，倒是那些暗示出排斥力场的景象，让我们联想起离群独自站立的人的形象。我想起旅途中曾经遇到的、挎着刀领着孩子的手去拾柴的印第安人的背影；在寒冷的夜里横卧在路旁的印第安少年；在海拔四千米的高原上骑着自行车去向远方的男子；一旦拒绝了你就绝不反悔的他们；绝不依赖"中心"的力量的他们，这样的情景唤起了我对排斥力场的想象，然而那是因为我的眼睛被迷雾遮挡的缘故吗？

6 离散与构筑的对立

中心的统治

为了把现代欧洲的均质空间概念与中世纪的空间概念之间的对立关系与结构搞清楚，我们才开始了聚落调查之旅。也正因此，我们最初的目的地选择了地中海周边地区。对于这样一种对立的结构关系，我当初也并非没有自己的预期，那就是这样一来，一方面肯定能够达到彰显作为承上启下之点的文艺复兴时期的目的；另一方面，了解了中世纪聚落的构建情况，也能同时知晓关于亚里士多德做出批判时的周边情况。其理由就是，我们过去还从未经历过像现在这样激动人心的时刻——曾经被认为亘古永存的基督教世界，已然崩溃了。

地中海沿岸的聚落为亚里士多德的场所理论做了很好地注脚。我们决定与现代化的空间概念分道扬镳，我们对那"一张草图"的期盼激励着我们探索有关自然的，或者有关聚落的构建形式的一元化解读，然而那些也不过是可以被西方理念收容的片段而已。伊斯兰文化圈的城市麦地那的出现虽然丰富了西方的这一理念，但中南美洲那离散型的布局，却暗示着一种与西方 "两级结构"相对抗的新的理念模型的出现。

回想一下在蒂卡尔是怎样一种景象呢? 基督教典型聚落的中心的概念，可以通过将亚里士多德的场所理论与基督教的世界观相叠加的方法来加以说明。中心就是可以让人回归其本性的场所，聚落中心的教堂就是可以让人活得更像人的场所。去到中世纪TO图的中心耶路撒冷的话，可以感受到更强的人情味。蒂卡尔的景观暗示着中心的含义的颠覆，去到中心的人会变坏，中心就是让人失去人性的地方。

中心的上空回荡着一种狂热的远古声音和失势统治的阴翳，它对于人们在自家温馨的小窝周围形成的均衡的日常生活形成了威胁。中心场所充满人性的话，它将形成引力场; 但中心若是非人性的，它就会构筑起排斥力的空间。

相离而立

从墨西哥城到库斯科，我们一次又一次见到的都是些零散村落的风景。但那些风景却与我们在日本见到的零散地的风景不同，第一个原因就是住宅与住宅之间留有休耕地的聚落很多，休耕地有别于农地和空闲地，有着独特的氛围；第二点，正如我前面讨论过的那样，住宅与住宅之间的距离正好是可以通过声音或动作表达自己意思的远近程度，各家是独立的却不孤立，整个聚落具有整体性。

因此，我们并没有单纯地把这种聚落形态称呼为散村，而是称其为离散型聚落。中南美洲的聚落，整体上看像是笼罩在一片阴翳之中，但是对于这种离散型聚落，我觉得其中或许还隐藏着我们未能充分解读的闪光的含义。因此我才考虑将这一层意思寄托在"离散型聚落"这样一个词汇里。

相比中南美洲，生活在肥沃土地上的我们，对"休耕思想"是很难理解的，其中是否隐藏着某种含义呢？在这些休耕地上，住宅散落其中，这样的风景对那些生活在这片不得不进行休耕的贫瘠的土地上的人们来说，难道不是他们顽强的生活方式的一种表现吗？在严酷的自然环境中，为了能够自立，同时又能够相互协作共同生存下去，这样的风景难道不是"休耕思想"的具体体现吗？

对于无法完整解读的休耕思想的一种解释，借用"聚落风景"一词来表达的话，就是"相离而立"。事实上，住宅确实是相隔一段距离立在那里的。但是，它的分离方式，并不像那些圣贤或者逃亡者那样远离尘世，而是在聚落之中，相互间离开一段适当的距离，它是一种"生"的意象，一种各自在休耕地中间建造起一个个小的中心的姿态。

这样的离散型聚落的住宅布局，从农耕的角度看恐怕是符合自然规律的，与此同时，这样的布局即使在制度层面上讲，也是一种秩序化的，或社会化的外在表象。当我们如此地去解读时，我们就了解到，我们遇到了一种与教堂或者清真寺为中心的，互帮互助的生存状态完全不同的聚落风景。

离散型聚落里有时也有教堂这样的中心，另外，也依然存在一种将遗迹视为中心的氛围。只是此时的遗迹给人的感觉是副中心。有时候我们发现，即使是教堂也被安置在聚落的某一个角落，这也给我们一种副中心的印象。总而言之，作为离散型聚落，住宅便是一个个的小中心。或许是因为这样一种状况，中南美洲那满目贫瘠的地质景观，因为那些聚落的存在而散发出润泽的气息。这些小中心们散落在粗犷的原野中，让粗犷的地表似乎也变得圆润起来。

离散型聚落作为一个整体存在时，人们虽然也互相帮扶，但最终得以生存的责任仍在个人，"相离而立"的景观所映射出的，不正是对这种关系深刻领悟后的村落社会的表象吗？这也是人在生产力低下的自然环境中求生存所不得已必须采取的方式。相反，如果我们将这样的聚落理想化后进行重新审视的话，似乎可以看到一幅从聚落内在的，靠互相帮扶生存的各种各样的连带关系与社会契约的桎梏中解放出来的人们自由的身影。

如果从中南美洲的地图上把殖民地风格的城市和特殊的聚落去掉的话，就可以得到一幅离散型聚落均匀分布的新地图，这幅地图将告诉我们中南美洲聚落的文化含义。这种聚落形式具备另一种意义上的建构性，它与西欧、伊斯兰世界的真正的建构性聚落群形成对立的关系。解读它的建构性，对于理解仍有许多未知领域的中南美洲文化，无疑将成为一把重要的钥匙。

幻想中的城市

当旅行接近尾声，我们驱车在的的喀喀湖畔的时候，发现自己并没有完全放弃对建构性聚落的憧憬，我们幻想着阿尔蒂普拉诺高原上那些低矮的土坯房屋伸向苍穹时的情景。随着我们行进的车轮，残留着古代风韵的烧砖炉直立在我们的眼前，二层楼的住宅零星可见，最后，我们终于见到了一座沐浴在夕阳中的土塔。那是一座附属于教堂的十几米高的塔，不知哪里有一股东方的味道，塔与教堂建筑是分离的，从力学角度看，有些轻飘地矗立在那里。

那个时候，我禁不住自己对如此建构的想象，在我眼前浮现出一幅土塔林立的城市幻想。如果那些土著有机会的话，我想象中的城市是否已经实现了呢？这幻想中的城市现在就站在众多话语的岔路口上，这是由于语言和逻辑作为观察事物后唤起想象的结果，无论我们如何努力赋予其怎样的多重含义性，它终究逃不脱只能沿某一条路径发展演变的宿命。因此在我们的旅途中绝没有一处可以安心驻足之所。

我们在特奥蒂瓦坎古城见到的阴翳里，暗含着我们在中南美地区所遇诸多景象中的多重含义性，它作为描述聚落状态的一种语言，同时也暗含着多种多样的方向性。离散型排列布局的类型就出现在这种多重含义性之中，逐渐显示出与建构性类型形成总体上对立的一种新的形式架构。

　　那座土塔，或许在的的喀喀湖和安第斯山脉连绵的山峰与夕阳中被附上了一层庄严的色彩，笼罩的阴霾显得淡薄了，然而我却依然无法抑制自己对那土塔林立的城市景观的驰骋的想象。看来，为了完成那"一张草图"，我们的前路还将有无尽的旅程，而我现在还没有练就一双将那远在天边的阴霾转化为光明的慧眼。

Ⅲ

边界可见的聚落——从东欧到中东

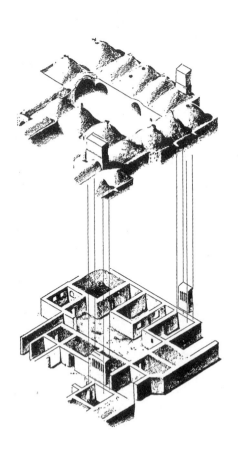

* 伊朗的人造绿洲聚落中的住宅

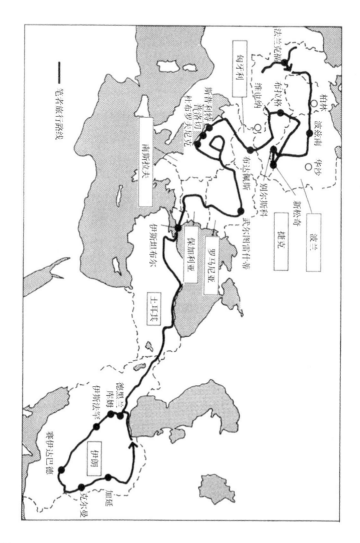

— 笔者旅行路线

南斯拉夫

伊斯坦布尔

土耳其

保加利亚

罗马尼亚

武尔坎雷什蒂

布达佩斯

别尔斯科

新松奇

波兰

华沙

波兹南

柏林

捷克

布拉格

维也纳

匈牙利

斯普利特

黄洛切

杜布罗夫尼克

法兰克福

德黑兰

库姆

伊斯法罕

伊朗

赛伊达巴德

加延

克尔曼

1 构成中心的方法

制度于物体上的投影

我们从地中海之旅中，了解到了马格里布地区的麦地那城市形态，以及可视作其原型的柏柏尔人的聚落库萨卢。顺道在中南美洲，我们给经常可以在印第安人聚落中见到的那种群落形态起名为离散型聚落，它占据了我们旅程的大部分记忆。这两种聚落形态，麦地那型与离散型，基本形成了一组对立的关系，它在我们谈论聚落的大致形态时，应该能够成为一种容易理解的指标。

它们一方的代表性景观，是封闭的密集相邻的住宅，用城墙围出聚落的边界线，以及中心地区耸立着清真寺塔楼的分布在姆扎卜山谷里的七个小城市的景象。另一方的形象则是，开敞性的住宅相离而立，聚落既没有明确的边界，也不存在中心，危地马拉的印第安人聚落那荒凉的风景，是这一类型的象征。

1975年，我们怀抱着还能再次与之前的典型聚落相遇的兴奋心情，从法兰克福出发了。我们在西德调查了一些聚落之后，穿过东德进入到波兰境内。调查聚落的工作往往让我们很紧张，况且事实上东欧各国与无法调查没什么两样：他们制度上的各种规定过于严苛了。我们能否达到我们的目的真的令人怀疑。关于制度上的差异，我们在知识储备上已做足了功课，然而当我们在黑夜里走进波兹南市区时，却无论如何也抑制不住越来越忐忑的心情。

好不容易找到了一个宾馆，把行李搬进大堂后，一种让人感怀的音乐就传入耳中。是秘鲁的排笛！我们曾在库斯科的一家餐厅听一位排笛名家的演奏听到入迷，在美妙的笛声中结束了上一次的中南美洲之旅。在的的喀喀湖畔，印第安人合奏着排笛的奇妙队列也曾从我们面前走过。宾馆中西蒙和加芬克尔的音乐好像把我们上一段旅程的结束与下一段的开始完美地连接在了一起。

不过为什么当我们来到了波兹南却听到了秘鲁的音乐呢？不是说制度不一样吗？"不管在哪，都不会有太大的不一样啦！"，没错，现在大的城市无论在哪里，都变得没什么不同。制度上的差别再大，也反映不到音乐或物质性的东西上面去。文化总是姗姗来迟的——真是这样吗？

我在心中暗暗期待，希望有机会看到或听到关于制度投影到物质性的东西上时会是个什么样子。现在想想，当我在宾馆的大堂里听到那种音乐的时候，我感到了对旅途的不安如冰雪在消融，但与此同时，那点暗中的期待也被冰水带走了。从那个时候开始的东欧之旅中，有关现在的制度投影到建筑上的情形，我直到最后也没有见到。在罗马尼亚，我们看到一座似乎是苏联现实主义理论盛行时期遗产的非常古旧的建筑，其余的现代建筑与西欧的毫无区别。所以，我在这里只是对古老的聚落、城镇进行叙述就足够了。

移植来的广场

第二天清晨，我们来到了波兹南的广场。这个广场与西欧风格的广场给人不一样的感觉。这里有那种欢迎去东欧旅行的海报上一定会出现的连续山墙的街景带给人的异国情调；但另一方面，教堂却出现在一个奇怪的位置上。广场的正中间有一个贸易市场，这样一种空间构成的感觉在西欧恐怕是见不到的。西欧的话，教堂必须是统领广场的，广场应该首先让人感觉到举行仪式的氛围。

然而在这里，广场的正中间居然堂堂地立着一个贸易市场。如果是西欧广场的话，市场完全可以是露天的摊位。市场的山墙展示着巴洛克风格的波浪曲线，但装饰过于繁琐，是那种在西欧某个地方能见到的浮雕断片的大杂烩，让人联想起节庆时那些花里胡哨的粗俗装饰。连续山墙街道以外的远方，我觉得绝不会看到大都市外延的景象。平板状的连续山墙的背后，耕地的条形图案似乎一直可以延伸到天边，那种景象还是相当壮观的。

之后我们先后访问了克拉科夫和弗罗茨瓦夫的广场。波兰的广场的情形越来越清楚了。特别是访问了据说仍保留着古时原形的利普尼卡穆洛瓦那

＊［图13］波兹南的广场

［图13］波兹南的广场

和兰茨库罗那这两个广场之后，我们便搞清了这一带的广场的特征。这两个广场都保持着14世纪时期的形象，都是方形的，围合广场的周边房屋都有山墙，说不清什么地方给人一种西部片里小镇的落寞冷清感。而教堂就好像商量好了似的没有在广场上露面。

也就是说这里是一个自发性的商业广场，也是从德国移植过来的广场。大概也许因为这个原因，这里也有那种与我们在中南美洲熟悉的殖民地城市广场的方正感相一致的地方。所以，东欧北部的广场至今同时遗留着移植过来的华丽与寂寞。

然而，被农地包围其中的城市，却也有着将来自西边延绵大地传来的文化逐渐按北方的感觉改造成自己独特风格的文化和历史。例如捷克斯洛伐克（下文简称捷克）国境附近有一个叫耶莱尼亚古拉的小镇广场，那是我所见到过的所有的广场中最美、最神秘、也最通透的广场。山墙纯粹地统一起来，被涂成单一的白色，方形的广场环绕以强有力的拱形环廊，造型十分严谨。

当时正在下雨，广场上的石板路面上倒映着山墙街景，完全看不见教堂的踪影。广场中的建筑物使得看广场时的视域发生变化，景象随着脚步的移动，就像看幻灯片一样步移景异。看到的天空与广场的大小、周围建筑的高度都恰到好处，巴洛克风格的装饰消失了，眼前展现出的是一个清冷的空间。

进入到捷克斯洛伐克境内后，方形广场的形状发生了变化，平面形状变得顺应地形了。广场中间的建筑物没有了，但是山墙的装饰性反而加强了。这些小城镇广场的建造年代要晚于波兰，建造理念方面虽说基本沿袭了西方的东西，但那种殖民地式的理想城市的色彩已经淡去，形态方面像是因地制宜做了些调整。

中心的再思考

我们走访了许多东欧北部的广场，我认为这些广场不但能为广场名单增添一项新的栏目，并且也促使我们对"中心"的概念进行重新思考。欧洲中世纪的聚落通常都解释为具有向心性的空间结构。但其中也有中心分化的现象，即便广场和教堂是一对组合，然而还存在城堡以及"高城"与"低城"的分化。在东欧，又出现了新的分中心现象。

进一步讲，在日本的聚落中，也是存在"中心"通过分布在聚落周边，界定出宗教性的疆域，从而形成隐形边界的例子的。我们对中心概念的理解，就好比用古代宇宙观看世界那样，采取的是简化的方法。但是现在似乎有必要从另外的几何学性质的，或者从空间建构法的角度，重新审视和把握这一概念。

也就是说，中心这个概念，并不全是由圆和圆心所组成的结构，还可以有多点构成的中心、线状的中心、圆环状的中心、分枝状的中心等，这些形形色色的中心都有它们各自的空间形成的机制和手法。围绕东欧北部广场的街道的排列组合给我们一种异国风情的感受，理由并不单单在于特殊物象的形态方面的问题，形成中心的方法不同才是真正的原因。

2 聚落的边界

奥斯维辛

在波兰我们访问了奥斯维辛。首先让我们感到惊讶的是熙熙攘攘的观光客，当然我们也是其中之一。我用"观光客"这个词或许会招来欠考虑或草率等批评，不过无论怎么说人是太多太热闹了。

关于奥斯维辛，我想没有必要重复再讲什么，这里我只从建筑的角度谈一些看法，是关于集中营里的简易房规律性排列的话题。当我看到宣传册上的奥斯维辛集中营的平面图时，我感到了错愕，因为我想到的是日本早期也曾建造过的住宅小区的平面图。

东欧保存着木结构建筑的优秀遗产，现在仍可以看到为数众多的，使用了不同于日本的建造方法的教堂、修道院、民宅等的优秀作品。其中，在一个与众不同的建筑群里，我见到了一座木结构的会所（synagogue）。据说波兰境内的犹太教堂已全部毁于纳粹党的手中，但不可思议的是教堂的记录却被保留了下来。当我旅行归来后，从研究东欧木结构建筑的东亚大学的太田邦夫先生那里，我见到了会所的图集。

这些会所都有一种共通的空间建构方法，即垂直方向重复使用弯曲的主题纹样，形成一种如火焰般向上伸展的向心性的空间结构。这样的造型与广场周围的山墙的波动主题比较相似，是一种属于东欧的固有的表现手法。犹太会所只不过是把这种波动立体化地表现出来。疯狂的纳粹把犹太人从会所里赶出来，然后放火烧掉。这些图集中的木结构剖面图，看上去仿佛阻断了纳粹的火焰。

犹太人遭到驱逐后，被集中到了奥斯维辛的均质空间：那是一种灵活可变，多少人都可以塞进去的、易于管理的空间。建筑的排列规则非常容易看懂，它可以用番号来称呼，然而所有建筑都有着同样的建构形式。那是一种无论一个人在哪里呼喊什么，也绝不会传到管理者耳朵里的空间。奥斯维辛集中营的空间构成就是近现代理性主义追求计划性的最终目标，这一点正在被后来的历史所证实。

捷克斯洛伐克的人们

在布拉格，我顺道参观了传说卡夫卡曾经访问过的犹太会所，它伫立在卡夫卡曾经居住过的街区的一角，是个淹没在布拉格这座漂浮着亡灵的城市天际线下的很小的建筑。不过这座建筑的内部空间构成却非常有意思：一整面的墙壁上虽然设置了祭坛，但在中间仅有的两根独柱之间，却建有一个舞台；因此，整个空间就产生了向心性。以祭坛之外的墙壁为背景摆放着礼拜者用的椅子，将舞台围在当中。

教堂内部只允许男人进入，对女人是有分界线的。墙壁的外侧环绕有回廊，墙壁的各处开有很小的观察窗，女人们通过这些小窗口可以窥见男人们做礼拜时的样子。穿着漂亮服饰的姑娘们，也许曾争先恐后地扒在观察窗外，她们或许在使劲忍住笑，扫视里面参加庄严仪式的男人们呢。这让我想起了卡夫卡描绘的世界。

布拉格连接着维也纳。曾经的文化之河就是从维也纳流向布拉格的，这一点尤其可以从多瑙河两岸一座挨着一座的、有厚重感的巴洛克风格建筑群上看出来。这个体系也表现在道路标识上，在城市干道的交叉路口上，有时标示着距离维也纳还有多少公里。布拉格的市区中，给人留下深刻印象的是那些耸入云霄般的高塔。这些塔的造型与德国的沃尔姆斯从前曾经林立的塔的造型极其相似。文化的水系图是复杂的。

在捷克我遇到了形形色色的人。在乡村里的餐厅，我遇到了一位自称居住在维也纳的老人。"啊—，你说那个歌剧院啊！"，老人流露着怀旧。不管是波兰，还是捷克，最讲得通的语言是德语。在捷克的中部有一个叫做什特兰贝尔克的聚落，这里有一座顶部已成废墟的城堡，沿街民宅都采用榫接三角原木结构的外墙，是一处散发着浓郁民俗气息的聚落。

在一处民宅，我们试着与一位正在重铺屋顶的老人打招呼，老人微笑着带我们到他的家里去参观，屋里无遮无拦，床、家具等物品都挤在一起，与既现代又气派的厨房设备反差之大令我们大吃一惊。老婆婆出现的时候，突然看到外来者非常慌张，在我们测量房间尺寸的时候，给我们一会儿倒咖啡，一会儿准备小点心，忙得团团转。老婆婆说她年轻的时候是从罗马尼亚到捷克来的，"是那个海！"她这么叫出声来，摇晃着胖大的身躯。她告诉我们："我那时候还这么小呢！"在这个看上去最传统不过的聚落里，原来居住着来自他乡的人们！

虽然语言不通，但是我们却在各处受到了欢迎。我们自己因为总忘不了制度的差异，万事留神低调，所以当我们受到太热烈的欢迎时，反而担心起来。不知怎的总觉得有种被监视的感觉。实际上我们也确实被地区委员模样的人盘问过。通常的话我们会拉出长卷尺来测量整个村子，然而，我们并没有采取这样夸张行动的，是因为在东欧很多有关聚落的建筑学方面的资料都可以在市场上买到。例如在捷克，就有很多精美的城市和聚落的图集在发售，当然，民宅的资料也非常丰富。

屋顶上的眼睛

在罗马尼亚我们一直北上到靠近苏联边境的山区，那里有一个"屋顶上长眼睛的聚落"。村里零散地分布着木结构的民宅，所有的民宅的屋顶上毫无例外地都长着一只只眼睛。大体上每幢房屋上都有两只眼睛。这些眼睛虽然只是通风孔，但是很明显是在模仿眼睛的造型。远离聚落地带处有一座有名的修道院，那里的中庭里矗立着一座塔，塔上也画上了一个大大的眼睛，看到这些我明白了：希腊正教的类圣像表达居然也会出现在这样的地方。

这眼睛是神的眼睛，例如，《圣经》"诗篇"第三十三里的"耶和华的眼睛俯视着畏惧他的人，以及敬爱他的人"，这双眼睛不单睥睨修道院的庭院，他们在民宅的屋顶变为日常生活中的通风孔，问候的目光在聚落的上空穿插交错。当周围一带深深地沉入一片绿色，从一座座洋葱头塔顶的教堂当中，便可望见展露着几百只眼睛的聚落风景。

在到达这个聚落之前的路上，我们渐渐发现了些注重装饰的倾向。接下来就看到木制的浮雕充满整个聚落，最后我们来到一条我们称之为"佛坛街"的街道上。在我们看来，这里代表了东欧装饰的最高峰。之前零散分布的民房变成了由围墙围起来的一幢幢房屋组成的街道，屋顶上不用说长着眼睛，木制的围墙都镂刻有像蕾丝一样的花纹，家家户户都立着一扇雕

＊［图14］罗马尼亚的"屋顶上的眼睛"

刻精美的木质院门,简直像龙宫一样。在每一幢榫接三角原木外墙的建筑上,房檐、窗框、柱子等处无一例外地被板状的浮雕所覆盖。进入室内,色彩强烈的窗帘、床罩、地毯等织物上都遍布着纹样图案。前面的院子里开满了艳丽的花朵,果实缀满枝头。这样的家家户户,在我们眼里就像一个个被放大了的佛坛,整个聚落笼罩在一片宗教氛围里。这里或可认作是一处被赋予了庄严气质的聚落。

在这一带民宅中,虽然与他们之间完全听不懂对方的语言,但是却有了一次与当地家庭的愉快交流,给我们的旅途留下了极其深刻的印象。在这个现代化的浪潮尚未波及的奇妙的聚落里,说不清出于什么样的缘由,我们与几位老人和美丽的姑娘们共度了一个下午。或许是因为我们感佩这里的环境,或是人们的友善让我们感动,亦或者因为在这遥远的地方让我们看到了灿烂的木文化,找到了共同的对木材的感觉,当我们告辞前去下一个聚落的时候,老人眼里含着泪,有人摘下院子里的花束送给我们,我们就在这样的惜别中离开了村庄。

这个村子没有物理上的边界,周围飘荡着强烈的民间文化氛围,形成一种如磁场般的空间状态。其实聚落的边界,也并不一定需要城墙之类的物质形态。在这一带聚落中,不管是屋顶上的眼睛,还是泛滥的有些夸张的装饰,那些特性都在界定着整个聚落的区域。住宅不能说是封闭的,即使卧室等也不是封闭的。构成聚落的要素具有高度的开放性,但是总体而言,

*[图15] "佛坛街聚落"装饰性的住宅院门屋顶

聚落是通过相互间的粘合力成为一体的,它构成了强有力的边界。这个边界,可以说是由屋顶上的眼睛和装饰这一空间构成法界定出来的。如果这个聚落里有一家屋顶上没有眼睛,也没有那些浮雕装饰的话,这家一定会给人以极为另类的印象。

中心与边界

进入现代以后,许许多多的边界都被拆除了。"家"的边界拆掉了,村庄与村庄、城镇与乡镇的边界也拆掉了。在东欧,我们见到了严格管控的国境线,但另一方面,也有如EC(译注:2010年前欧洲委员会的缩写)那样拆除国境线的动向。现代建筑在朝向开放的方向发展,其结果是城市里遍布玻璃建筑。

在现代主义建筑运动的浪潮中,在表现均质空间的各种途径中,最贴近物质性表达的主张就是无装饰理论。通过舍弃掉象征落后文明的装饰,建筑将走向现代化。这个理论是由维也纳的建筑家阿道夫·罗斯发展起来的。在罗马尼亚山区的聚落里,我第一次理解了罗斯所倡导的理论:即建筑应当摒弃装饰性的正确意义。

从建筑或者道具的角度来看,去掉装饰,意味着让生产过程变得更容易、更合理。但是,这个理论的核心是,舍弃装饰有助于消除民族之间的界限。因此，建筑或者道具就能够广泛地、不断渗透到丧失了边界的各个民族中去。装饰，就是边界。

边界是通过各种各样的空间手法形成的。另外，边界的性格也如在布拉格看到的犹太会所那样，有着各式各样的表现形式。纳粹烧掉了犹太人的会所，消灭了犹太人的中心，同时，也可以说毁掉了犹太人的边界。中心和边界在中世纪的聚落里，可能具有相同的意义。在我们开始东欧之旅前所做的聚落模型里，有物理边界而无中心的聚落分类下还没有实例，是一个空白项，我们原以为只能在乌托邦理论中才能找到这样的例子。但是，当我们在罗马尼亚的深山里见到了上述村庄，例如当我们见到"佛坛街聚落"之后，我们觉得有关边界与中心的关系，还需要更加深入地进行思考。

3 从东欧到亚得里亚海

地块分割型的聚落

在东欧的小城市或乡镇、山区的民俗特色丰富的聚落里，汇聚了各种有意思的东西。地势平坦的地区虽然也有数不清的聚落，但却缺乏魅力。在匈牙利、罗马尼亚等国的平原地区，所有的聚落都是沿街布置的村舍形式，看上去都是机械式的排列布局。在保加利亚，绿岛般的聚落像是漂浮在圆滑大地的曲面之上。没有了沿街村落的感觉，总体上氛围安详而恬静，但想要从中提取出什么显著的特征来，却也是一件非常困难的事情。

然而，即便是缺乏魅力的沿街式的聚落，如果换一个视角，在总平面图上俯瞰整个聚落的话，也会注意到它们有着明确的排列形态。实际上，这种沿街排列的聚落是一种土地区划，也就是根据土地制度决定住宅排列的一种方式。每一幢住宅的背后都有自己的耕地，此外在别的区域还有划好的公用耕地。因此，这是一种优先考虑土地区划方式的聚落。因为土地区划均等，房屋又只能沿街道两侧布置，所以看上去像个机械式的沿街村落。

这些聚落总而言之是被规划、被管理出来的。在总平面图上看具有整合性，大规模的聚落就像显微镜下的细胞群照片，有着不可思议的魅力，但是在聚落内部，引人注目的却只有不随时间推移一起发育成长的、机械性的初步规划。冲绳和八重山群岛的聚落也同样是被规划出来的，但在空间方面却有着数倍的魅力。柳田国男在一个报告里曾经提出过，日本受管控的土地区划型聚落将呈线形发展。在东欧，虽然也可以部分地看到这样一种趋势，只不过街道成了向心性的汇聚点，聚落整体多呈圆形。

亚得里亚海沿岸的小城市

上述平坦土地上的那种单调性，在我们到达南斯拉夫的亚得里亚海海岸的那一刻就被打破了。我们首先访问了斯普利特（现克罗地亚城市）的戴克里先街区。在这里，现在还可以看到从罗马时代开始的建筑堆积层。在这个街区的地下，掩埋着戴克里先的宫廷，上层是废墟和文艺复兴时期风格的教堂，还有近时期的住宅令人错愕地混杂在一起，使我们可以见到一幕死者与生者同时并存的景象，这也给城镇增添了活力，对于建筑地层学来说是最合适不过的研究对象。

总的来说，我们从亚得里亚海沿岸的状况，可以得知那里的人们在规划方面，特别是城市的整体构成方面所投入的精力和考量，可以推测出人们对从西欧传过来的建筑要素进行了全力以赴的重构活动。这是一种改编的感觉，因此相比原创而言，这里的建筑完成度较高。但是，被移植过来的东西在整体上具备固有风格的同时，一定会有计划地加进独创性的元素，这对于我们来说将会是一个不错的样本。

亚得里亚海的这处海岸线，大海与陆地犬牙交错，随处可见生成的海角。海角好像突进海里的小山，一个个小山顶上建有教堂，整个海角被民居覆盖的小城市展现在我们的面前。这些小城市明显地受到来自意大利，尤其是威尼斯的强烈影响。比如教堂的塔楼，就与威尼斯街头眺望到的教堂塔楼非常相似。如果把威尼斯的建筑物肢解，再用那些局部来重构一座城镇的话，可以想象我们就会得到与现在亚得里亚海沿岸的小城市一模一样的结果。这些小城市或与威尼斯，或为了相互之间争夺地中海的支配

*〔图16〕亚得里亚海沿岸的小城市——科尔丘拉

权，在临海一线还残留着当初围有城墙的防卫性结构的遗迹。

在我们访问的对象中，科尔丘拉岛是个非常出众的地方。如果把海角的形状比喻成一片树叶的话，那里的道路网就如叶脉一样，整个岛的规划整合性之高，甚至让人无法相信那些住宅是依地形而建的。与意大利复杂弯曲的道路相比，这里的道路具有明显的计划性。民宅沿着道路两侧整齐排列，这一点从海上看到的错综复杂的海岛景象里是无法想象得到的。这种内在的整合性在空间构成方面的秘密，就隐藏在每家每户住宅的中庭里。造型上的不规整全部被中庭所吸收，中庭成了可以自由变形的城市空间的缓冲器。

亚得里亚海最具吸引力的地方，无论如何还要数非常有名的杜布罗夫尼克。这个可以称之为奇迹的小城市的成因，在于它天才般的想象力，其他小城市几乎全都采用了覆盖整个海角的城市构筑方式，杜布罗夫尼克却完全相反，它将城市建在了海角与陆地之间的山谷里。正因如此，整个城市呈现出一种户外剧场的空间效果。

最低处沿谷底方向是直线型的广场，最高处的海角山脊上围有城墙。普通的海角小城市群，如果说都是向上伸展的空间的话，那么这个反转过来的城市空间就是向下延展的。人们永远俯瞰着中心，把中心夹在中间相向而居。城市"流向大海"，与大海和睦而居，城墙高耸。像这样能够将隐藏在大地之中的潜力激发出来的城市规划非常罕见。特别在城市建筑的空间

*［图17］ 亚得里亚海沿岸的小城市——杜布罗夫尼克

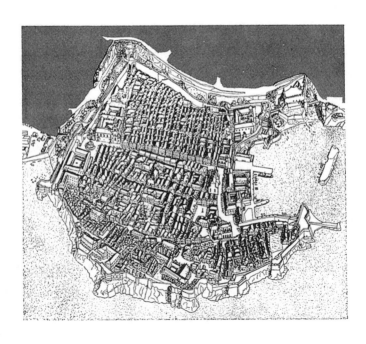

和造型的历史方面，通常理解是一部伸向天空的历史。在这样的语境下，这个小城如此完美地构建出向下伸展的空间因而愈发显得弥足珍贵。

文化的平行移动

如此一来，我们就可以在东欧的波兰或捷克的广场上，看到从西欧北部传入的文化，同时在亚得里亚海沿岸，看到从南部传入的文化。这两股平行移动的文化将平原地区和山区夹在中间，形成了两种相互对峙的聚落分布图。旅途经过土耳其、伊朗，后来注意到我们基本上是沿着苏联（调研之时的国名）的国境线行走的，并且只是接触到了苏联国境线的一小块，这让我们再一次认识到苏联国土的广袤。

我们对于广袤的苏联境内的聚落虽然一无所知，但关于东欧想指出一点，即我们谈论东欧如果是基于与同一方向轴上的西欧做对比的话，那么我们就不单要关注来自西欧的文化方面的映射关系，还要关注作为文化原像的西欧在南北之间存在的差异是如何反映在东欧这片土地上的。波兰的小城市与亚得里亚海沿岸的小城市，虽然在针对移植文化的态度方面有共性，但有关移植文化本身，尤其说到造型方面的话题时，它们之间的差异却太大了。

就平行移动的概念来看，即便忽略历史方面的因素，仅从纯粹的地理学，甚至仅凭地形学性质的空间意象就可以完全理解。从宏观上看，地形的特性是从西向东移动的，那么南方与北方所孕育出的造型方面的差异到底是怎么回事呢？从最感观的层面上看，如果说南方阳光充足，对于光和声音的反应是反射性的，轮廓是鲜明的；那么，北方就是阴暗的、吸收性强的，轮廓也是模糊不清的。如果说南方有明确性，北方就有运动与变化性。这样的一种印象，我想可以用风土的延伸概念来加以说明。

但是，我们在东欧见到的北方的造型能力，似乎可以从另外一个角度来加以说明：南方与北方在形态第一定义，即感知形态的最关键含义方面是存在差异的，南方最重视几何学意义上的单纯形态，北方则将变形后的几何形或不同种类的纯几何形的混合形态放在第一位。这种差异性最清楚地表现在塔尖顶部形态上——南方的稳定、均衡，北方的则不稳定，即暗含失稳的状态。打比方的话，如果说南方具备结晶体的透明感，那么北方就有生命体一般的律动和呼吸。

两个空间概念

这样的造型感主要表现在单体建筑上。延伸到聚落整体的空间构想力方面来看的话，南方表现出一元化的向心性，而北方就看不到强烈的向心性布局，中心是分化的，在这样的均衡基础之上保持向心性。从旅途的印象来看，这种对比暗示了两种"空间概念"的对立；并且，中世纪的这两种"空间概念"恐怕就是各种不同的空间构成力——包括宗教性的、宇宙观性的、社会制度性的形成原因了吧。

我现在很难对此进行详尽的说明。东欧之行，只是让我对之前将西欧中世纪的空间概念笼统地认作是一个整体这件事打上了一个问号。但是，造型或空间同时发生这件事是不能用技术或合理性来解释清楚的，当时的人们对于共同享有的空间的感觉，如果没有文化上的同化作为基础的话，那么就不可能在一个文化圈里形成普及开来的造型能力。

我们在东欧的北部地区，见到了有着奇妙曲面屋顶的希腊正教系统的木结构建筑教堂、为数众多的有着起伏曲面的塔楼以及异国情调的城市天际线。一般情况下这些都被称为东欧气氛，但是，这些也是德国和北欧三国及苏联等国家共同享有的部分。德国的美术史学家，撰写《抽象与移情》的沃林格就特别指出欧洲南北的差异。而正如我前面简单叙述过的那样，我是从另外的角度得到这种差异性的印象的。

从规划空间做出决策这一实践性水准出发，我们最终还是要回到"空间概念"这一原点寻求答案。加工技术及现实中的诸项条件等，只不过是从属于空间概念的下位的概念罢了。

4 从土耳其到伊朗

边缘决定中心

伊斯坦布尔发挥着如旅途转换器一样的作用。在这座将所有东西都融合在一起的城市里，各种异文化的脉络都像变魔术一般连接在了一起。我们从乡土气息浓郁的东欧来到明快的伊斯兰文化圈，旅行的感观变化极大。不过，当我们在喧嚣的声音与充满活力的伊斯坦布尔的街道上绕一圈以后，甚至产生了一种错觉：文化与风俗习惯上的巨大差异，是能够轻轻一跳便跨越过去的。

如果回顾我们的旅程，就会发现虽然存在着文化及风俗习惯上断层，但是追踪一下聚落的形态系列之后，便可知在南斯拉夫与保加利亚一带，三股文化的潮流渐渐消失，出现了非常混沌的区域。这三股文化潮流，包括从东欧北部、从南部欧洲、从伊斯兰文化圈传过来的文化潮流，但是这些文化潮流并没有融合在一起形成一种独特的聚落形式。

当然，我们也曾经访问过兼容两种文化的聚落，比如清真寺与基督教堂共存的城镇和聚落。这样的聚落大概都有着松散的构成形式，我们虽然很关注，但却没能清晰地将它的特质部分提取出来。

我们有意识地在西欧风格的城市，或经现代化后的城镇边缘行走，但实际上还有一种类似边缘的边缘地带，那里的聚落既没有强烈的民俗色彩，也没有显示出文化融合的迹象，只形成了一些相当乡土气息的混沌模糊的空间。搞清这些聚落群的含义是非常重要的课题，并且我们也相信其含义将是非常丰富的，然而我们为此就必须进行新的旅程和调查方法的准备。

就眼下来看，我们的旅行将目光聚焦在以西欧为中心绘制出的文化世界地图的周边地区，如果可能的话，我想说中心是由周边来决定的。这是我们自己的问题，我们这些建筑的表达者，被支配力量的波浪推到了边缘，作为一种战略，大家都在设想将建筑表达从文明的领域转移到文化的领域，据此促成中心与边缘的逆转。

然而，支配性的波浪不久后便会看破这种转移的意图，并终将把我们赶到文化的边缘。这个时候就要求我们必须具备坚持主张边缘决定中心的表达能力。在这个意义上，边缘的边缘地带的那些结构松散的聚落，就成了我们心里的一个结。

沙漠的智力

沿土耳其的黑海海岸前行，心中预想到会遇到一些渔村，但我们并没有发现像渔村的地方；相反倒是遇到了许多与墨西哥或危地马拉的离散型聚落构建方式相同的聚落，这些出产榛子的聚落景象让我们产生一种错觉：

我们不会又回到了墨西哥吧。

从黑海海岸进入到山区，相继映入眼帘的是这一带荒凉不毛的景象，聚落也都相继变得有形。穿过宛如戈达尔的电影《周末》中的道路，就进入到伊朗，呈现在我们面前的，是与非洲阿特拉斯山中非常相像的美丽自然，与柏柏尔人聚落"库萨卢"同样形式的聚落。聚落形态的分布根本不可能在地图上用分区表达出来，如何描述这样自然的聚落形态也不是一件简单的事。

接下来，我们见到了在伊朗的沙漠中闪耀着阳光的聚落群，以及一位波斯青年和他明快的伊斯兰文化圈。我们谈论伊朗沙漠周边的聚落离不开这位二十八岁的青年阿罕玛迪安，这并不是因为缺了这位伊朗文化艺术部派来的青年，我们就无法走进沙漠聚落内部完成调查，而是因为他展示给我们的智力与聚落的建构智力重合在一起，这两者的形象逐渐融合，最终让我们看到的是沙漠的智力。即使是现在，我也常能看到伫立在反射着耀眼光芒的聚落中，这位青年挺拔的身影。

库姆城

在德黑兰，我们与阿罕玛迪安协商数日的结果是，他陪同我们完成去卡维尔沙漠和伊朗高原两个沙漠的旅程。我们重新调整了我们的状态，傍晚时分离开了德黑兰，夜里到达了库姆城。阿罕玛迪安告诉他的妻子戴上黑头巾，那以后，他的妻子就时不时地戴头巾了。

当时，正巧赶上从穆罕默德开始的第四代哈里发—阿里的服丧之夜，这对于伊朗人来说，是意义重大的时间节点。"伊朗人都喜欢阿里！"阿罕玛迪安这样向我们说明。这话与伊斯兰文化圈的形成是有关系的。当我说"阿拉伯"的时候，他就会更正我说："是伊斯兰世界"。他反复说着"伊斯兰世界是多样化的"。伊朗是模仿波斯建立起来的伊斯兰国家。我所知道的伊斯兰世界只有马格里布地区，但是库姆的夜晚景象却相当不同。此后，我们访问了坐落在里海沿岸的生产木棉的聚落，才实实在在地感受到了伊斯兰世界的多样性。

第二天早上，阿罕玛迪安去圣殿交涉让我们进入内部的事情，但是以失败告终。通过这件事，我们得知了，在伊朗特别是宗教性质的城镇中圣域的存在。之后在马什哈德，阿罕玛迪安想只带着我偷偷溜进圣殿也没能成功。圣殿是与清真寺完全不同的空间，圣殿里祭祀的是各个宗派的开山鼻祖，或者是该圣殿的开创者。那些贴瓷砖的、色彩斑斓的塔楼和拱形的屋顶是圣殿，而不是清真寺。清真寺一般都很简朴，是开敞式的。我们后来访问了古老的圣殿，和相对管理不是很严格的圣殿，它们都有相同的空间形式，这种形式在沙漠聚落的民宅里有时也会露出迹象来。

在库姆这个城市，我们得知了构成聚落的主要元素。客栈通常由高墙围成一个方形，形式一目了然。与此相似，立在墙角或者中间部位的圆筒状的塔楼是卡洛尔，卡洛尔相当于北非的卡斯巴，只是卡斯巴在墙角部位的塔楼是方形平面，用途有避难所或者共用的粮仓等。在伊朗，卡洛尔在外观上即使和卡斯巴一模一样，却是为多种用途而准备的，这一点从它的内部空间的组合方式没有一定之规就可以明白。我们见到过的卡洛尔，各自的内部结构并不相同，聚落的首领居住在卡洛尔的外面，这与城堡的含义多少有些不同。

人造绿洲上的聚落

我们从库姆城开始南下，没多久就进入了沙漠地区。看到视野里到处出现了应该称作土的结晶体的造型漂亮的聚落风景。沙漠的附近是连绵不断的陡峭山峦，清澈的空气让我们的距离感出现了问题。渐渐地看见了绿洲，村庄越来越近，客栈、卡洛尔等建筑慢慢地出现在我们的视野里。然后，住宅的拱顶重重叠叠地蔓延开去。刚进入到村庄里，我们就发现了一座造型奇特的建筑物。"那是上水用的水箱，为了不让换气管把水加热而建的。"阿罕玛迪安这样解释给我们。

有上水，伊朗沙漠周边的聚落原来是人造绿洲。从高空俯瞰时的沙漠景观，竖井的点阵队列最为显眼。它描绘的或许是从几十公里远的山区把水运送过来的输水管的轨迹。送水量非常充沛，装满了聚落中的池塘和蓄水池。水管从家家户户的地下穿过，变成小河，滋养着石榴园和田地，养育着这个人造绿洲。那水超乎想象的冰凉、清澈，有时还可以看见鱼儿游来游去。

在这被巧妙加工的自然中，让我们感叹的，是决定住宅和生产用地排列组合的，竟然是流水。在通常的沙漠中，点状的水井或泉眼是决定排列组合的要因。穹窿屋顶复杂地重叠在一起，这个聚落的空间建构力原来来自地板下分布的供水系统。住宅的所在从混沌的聚落景观里是看不出来的。它的复杂性不仅在平面上，而且在立体方向上形态延展，穹窿屋顶微妙的变形与韵律建构起高维度的连续体型的聚落。住宅建造方面有基本的规律，根据地下水网的分布形成居住体系。这样做的结果，是聚落空间避免了混沌状态，聚落作为一个整体，呈现出石榴籽一样的、有格调的外观造型。

老婆婆给我们做了味道特别好的拌饭，在我们吃饭的时候，阿罕玛迪安与那家的年轻人热聊起来，"我们在聊'毒品'哪！"。我渐渐明白了，原来他们是波斯传统宗教——琐罗亚斯德教（拜火教）诞生的哲学家苏赫拉瓦迪的后裔，他们继承了与神融合的神学家苏菲的血脉。阿罕玛迪安喜欢诗歌与音乐，随身带着长笛随我们一起旅行。

有一次，我们偶尔谈起了披头士，"在伊朗，没有人会听披头士"。他少见

地情绪激动起来，讲起伊朗在英国的统治下受到了怎样的压迫。"然后，现在是美国，然后……"就是日本了，我心里这么想。"不过伊朗人比较喜欢东方"，他这样安慰着我们。《流放西方》的故事中，东方光明而西方昏暗，这是苏赫拉瓦迪的方向感觉。早晨的光芒、诗歌、音乐、空间、冥想、忘我、超越，我在聚落中站立的青年阿罕玛迪的身上，感受到了囊括这一切的智力。

生产从居住中的剥离

沙漠的中央竖立着一座塔楼，那是沙漠的灯塔、指路的方向标。有时候会看到海市蜃楼样的景象：树木倒映在水中，给我们一种车正向大海的方向飞驰而去的幻觉。在北非的麦地那，我们曾管窥到了卡拉姆到莱布尼茨一带聚落的真面目。与之相比，伊朗的聚落有着少许不同的连续感，住宅有立体感，可以看到光影的移动。住宅的中庭里有壁龛（凹陷部），这与圣殿里看到的壁龛是一样的。在一个村庄的住家里，两边面对面的壁龛把中庭夹在中间，因为这种张力，使得中庭由一个容器变成了一个场。当然所有的聚落都拥有一套完整的秩序体系。

住家屋顶上立着换气筒的聚落景色格外地美。换气筒从波浪起伏的屋面突出来，勾勒出小塔林立的天际线。换气筒是沙漠里的发明，并不只是伊朗才有，它可以根据早晚和季节的变化控制空气的流动。从室内看，样子像暖炉，很有一番情趣。有时候，换气筒也附着在中庭壁龛上，如果有助于中庭的通风换气的话，则可称之为一个有效的解决方案。

各家各户的换气筒一齐伸出屋顶的景象，让人想起东欧的"屋顶上的眼睛"，它们相互呼应，看上去就像村民们的群像一样。家庭生活的一种工具在这里转化成了聚落共同体的象征，如果说屋子地下的供水系统是一种看不见的共同体排列成因的话，那么换气筒就是排列成因的可视化表达。

阿罕玛迪安非常忙碌。他把我们介绍给村民们，向村民们说明我们来这里调查的目的。他既是翻译，又是解说员，此外还要做自己的民俗调查。他在摇晃的汽车上写笔记，笔记本转眼之间就填满了，这还真不是可以模仿的事情。他对事情的判断准确而迅速。当聊到柳田国男的时候，他说："你们啊，根本就不知道伊朗的现状"。每当他进入到村庄里时，村民们就向他倾诉。这个抱着信伊斯兰教就可以实现一个平等世界的信念的年轻人，当看到面向夕阳默然打坐的村民的身影时，阿罕玛迪安陷入了深深的思考自省之中。

在靠近阿富汗边境的地方，有一处高墙连立、震撼力十足的聚落。高墙虽然现在几乎不用，但还支撑着磨坊风车的纵轴。这风车还真是一个杰作，它的结构只是在垂直的纵轴周围，排放了数捆麦秆绑扎的"叶片"，就是这样一种风车，带动着直径九十厘米左右的石磨转动。风车构思奇特，要是在广场上一溜排开的话，应该是非常壮观的。只有两三台风车时，广场就已经显小了。这样的风车广场相互联系，也是决定聚落排列的成因之一。

我们规划现代住宅区时，有时总觉得力不从心，社区概念听上去空洞无物。其中最大的原因，就是由于生产功能从居住功能中被剥离出去了，因此，原先由于生产才会得到激发的大自然的潜力就不会从规划平面上浮现出来。那些风车广场的村民们平时谈论的话题，一定与如何与风相处、如何分享水源有关，我想那才可能是共同体的出发点。在沙漠，风既是敌人也是朋友，地理学专业毕业的阿罕玛迪安给我们上了一堂有关风的知识课。

锤炼出来的智力

随着我们不断地了解和学习有关沙漠中的水、空气、风、光和影、土壤炼金术等知识，我们懂得了沙漠聚落是如何用智力塑造出来的。正是这种锤炼出来的智力，成了超越时空，让聚落空间保持原状的秘密所在。聚落的内部结构简直就是一个汇聚了各种空间装置、机关和假象的集合体。玛尼村就是这种集合投射到物质空间上的聚落群代表。

这个村落就像是现代规划的产物，透着新颖，但是很遗憾，整个近现代还未见能够与其空间建构力相比肩的规划案例。在一个两边各有一座穹窿顶水箱的广场背后，是相向而居的两个住宅群：一个后来建造的住宅群和

*［图19］ 人造绿洲中的聚落——玛尼村成群的换气筒

一个环绕着卡洛尔的古老的住宅群。卡洛尔的内部和外部都立着换气筒，它的外观有着金属雕饰般的精致，同时又是有机的、有音乐感的。在狭窄的胡同里、住宅的入口周边，在中庭和家畜小屋的周边，凡是能够到达的地方都有用心雕琢的痕迹。这些绝难想象是自发形成的，因为从大局到细部都可以看出规划的痕迹，可以说这个聚落的建造，是细部雕琢考量与大局构思相互结合折中的产物。

阿罕玛迪安带我们参观了聚落的内部结构。之后，伊朗的沙漠聚落改变了我们的聚落观：当我们将东欧的和之前访问过的聚落与伊朗的聚落放在一起，将它们同样看做是智力建构的结果时，聚落的"一张草图"就可以看做是一个不同复合度的、空间构成方法体系和智力体系。

5 从解说到展开

物象化之域

首先，是经历了多次的旅行后，我们的眼光发生了变化。实际上当美丽的聚落不断涌现时，我逐渐看到了发自它们周边部位的光芒。因此，即使只进行了三次这样的旅行，现在我们也能够举出足以与帕提农神庙到哥特式建筑等史上著名建筑群相抗衡的、有力的聚落群实例。这些聚落一定可以起到与那些充实的历史性系列城市相抗衡的作用。

刚开始聚落之旅的时候，我对传说中的图书馆和美术馆，是抱有一份期盼心情的。文化方面占支配地位的成果，成了构成历史的诸要素，填满了现实中的图书馆和美术馆。但另一方面，过去也一定有过不少含恨而终的人们，他们既不能避开统治地位的文化，也无法打破它们，他们的想象力的产物一定将传说中的图书馆和美术馆填得满满的。然而，它们现在就在一个接一个地展现在我们的眼前。

随着旅行的进展，我们看到了作为风景的聚落，乃至有着内在空间结构的聚落。我们在东欧小镇的广场上、在亚得里亚海岸的坡道上、继而在伊朗沙漠中的村庄里看到的，是决定城镇和聚落形态成因的巧妙的空间建构方法以及建筑技术。这些就是最初被我们称作"物象化之域"的东西。换句话说，它们是那些对来自聚落之外的入侵因素实施管控，同时，为了延续聚落的内部秩序，将空间建构变为现实的原因。

首先，这个域可以在景观性建构手法及景观性排列布局里见到它们，如作为边界的城墙，作为中心的教堂或广场，住宅的封闭性或密闭性等。但是随着我们不断接触到那些巧妙构建起来的聚落，我们开始发现存在于聚落内部的空间性机关、装置、假象复杂地组合在一起，这样的复合体就决定了聚落的空间序列。

聚落与自然的互感

将聚落作为一个整体来看待时，各个要素的排列方面存在着若干种相互交叉的空间建构方法。伊朗的玛尼村，通过内含居住功能的卡洛尔，将村落空间分割成两个区域；与此同时，又通过卡洛尔内外同时竖立大量的居室换气筒的办法，使这两个领域合二为一。在罗马尼亚的"屋顶上的眼睛"聚落，耕地的布局让住宅相互离散，但同时，来自屋顶的"目光"又把各个民宅连结在了一起。在亚得里亚海的科尔丘拉岛（译注：现克罗地亚），以教堂为顶点构建出富于变化的天际线的同时，又用住宅中庭变形的手法形成了叶脉状的完美道路网。

这种将对立与融合、分离与连结、变化与整合性等互相悖反的两个事物，毫不费力地同时展示出来的方法，正是建筑艺术方面最以为理想的所在。它标示着物质空间在其应有的存在方式方面的完成度水平，也就是美的奥秘。不仅如此，在那些美丽的聚落里，某一种物质空间的排列组合当中，人们会随着时间的推移，按照自己生活的需要，对生活区域进行分与合的重新排列组合。这种有生命的"活的"变化，是通过若干种相互交叉的空间构建方法来实现的。风的温度感、光与影、泥土的芳香、流水的声音，这些元素都为空间增添了生命力。所以说，聚落成为了它与自然之间交互感知的复合体。

聚落在空间力方面，能够与历史舞台上作为主角的神殿和寺庙相抗衡的，正是这个空间与自然现象之间交互感知时的复杂建构形式。当某个空间的功能受到限制时，空间的含义在被限定的范围内就会得到深化，其结果是出现象征性的空间。当聚落的空间功能没有条件来加以制约时，它就必须自动地、尽可能宽泛地做出不使生活出现崩溃的改进方案，以达到自行限制空间功能的目的。其结果，是出现了一种复合假象体的空间，一种富含智慧的空间。

如果说象征性的空间想让人理解它直观上的含义的话，那么富含智慧的空间想要展示的，就是对系列含义的可解读性。如果说象征性空间以总体含义为依托，能唤起个人的想象力的话，那么可解读性空间就在等待那个来现场读长长故事的人，他需要对内化于场所的事件抱有共鸣与同化之心。前者通过超越制度，为制度做贡献，后者则遵从于制度。

文化的共有结构

一直以来，我们对于自己作为一个过客的眼睛，和居住在当地的人们的眼睛进行是严格区分的。沙漠中面朝夕阳而坐的人影，与城市中穿过人群的人影是不同的。如果说这种不同是绝对的，那么，我们看到的就只能是一种作为风景的聚落表象。但是，如果在聚落内部，有我们能够读懂的空间装置、假象或机关的话，并且它们对于各种各样的误读原本就是宽容的话，那么，当我们这些过客的眼睛深入到聚落内部时，是有可能触摸到聚落内在性的结构的。

可解读性的基础，首先在于"人都是一样的"，这个命题是潜在的、确实存在的。至少反映在居住环境上的人体的基本属性就超越了时代和文化，成了人类共通的东西。我们在"佛坛街"，与罗马尼亚人不通过语言就完成了愉快的交谈，沙漠的水同样将生活在那里的人们的感动传递给了我们。

然而，与此相对的命题"每个人都是不一样的"也在等待着我们。多瑙河平原上保加利亚的那个夕阳西沉的聚落给人的印象，我不认为在每个人的心里都是一样的。苏赫拉瓦迪的后裔们看到的阳光，与我们所看到的是不一样的。不过，每个不同的人通过组成集团实现对含义的共享，共享后的含义内容便会受到大幅度的缩减。因此，相对于无限扩展性的想象力及产生含义的力量，"共享"附与了它们收敛性，正如宇宙学所展示的那样。

我们对"共享"这个事情，例如对土地所有权和使用权的关系曾试图进行分析，但是，想搞清楚这些很不容易。渐渐地，我们思考"共享"的对象转向了村民们不得不共享的公有设施，和决定聚落形态的空间建构方法，例如向心性的平面。

当我们看到光、风、水、土分别变成了闪光的中庭、风车广场、住宅地板下的供水管和卡洛尔的墙壁，我们对居住在沙漠中的人们的理解加深了。

这些建筑上的要素，我想正好成了物质与含义之间的媒介项。当然它是建立在"共享"这一附带条件的基础之上的，并且组合之后的媒介项的集合，应当就是我们常说的"制度"。

展开的可能性

我们对聚落不断进行解读，最终能够看到的应当是这样一种共同体的形象：它是对"人都是一样的"和"每个人都是不一样的"这对命题给出的解答。我们的聚落调查之旅，开始时的意图，是想亲眼看一看现代建筑运动所理解的中世纪浪漫的共同体形象究竟是怎样的。因为我们或早或晚，总得从物质的角度谈论共同体的话题。

另一方面，当我们回到现实中的建筑表达实践的话题时，我们就不得不对有关人的两个相互矛盾的命题给出解答。支配着现代生活的均质空间，包含了从人道主义延伸出来的自由的概念。对此难题，前面我已经给出了形式上的解答，因此，其支配性是成立的。我们通过自己的建筑表达，即便表现出对均质空间的批判，但那种批判也许仍存在于均质空间所依据的自由概念的范畴之内。

我们一直称之为"可解读性"的概念，如果在拓展聚落的空间建构法这个意义上，能够用"展开的可能性"替换"可解读性"的话，那么我们的调查之旅，或许也会面临我们这些建筑创作者们现在正在重新面对的难题。

也就是说，隐藏在聚落内的空间建构法系列，可能不经任何修改，就是我们应该提出的空间建构法延长线上的、可持续展开的系列。如果这样的设想成立，我们在持续展开的终点，就不单单能看到中世纪共同体的景象，还有面向未来的那"一张草图"。这种持续展开的可能性，完全取决于我们的想象力与现代占支配地位的"空间概念"对想象力的规制之间互相对抗的结果。

对我而言，借物象之形显现的空间建构法，似乎构建出了人造自然的主干，这种建构方法正因为是一种共享观念上的工具，因此它与语言表达出来的制度，与记号表达出来的想象力是吻合的。我们迄今为止看到的那些观念上的工具体系，该转译到怎样的一种语言体系为好呢？我们想在接下来的印度之旅中，对我们在"周边性"中见到的那些物质和语言之间丰富的媒介群再次进行验证。

IV

拒绝形象的聚落——伊拉克、印度、尼泊尔

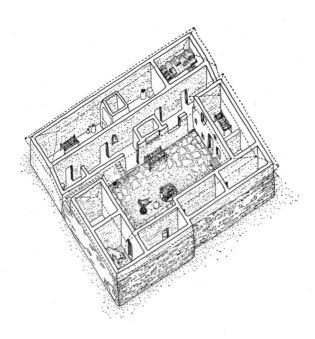

* 印度的聚落伽罗达的中庭型住宅

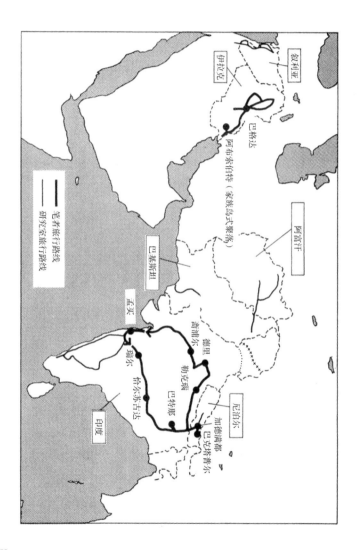

叙利亚

伊拉克

巴格达

阿布恭伯特（家族岛式聚落）

阿富汗

巴基斯坦

孟买

德里

高浦尔

勒克瑙

巴特那

瑞尔

哈尔苏古达

加德满都

巴克塔普尔

尼泊尔

印度

笔者旅行路线

研究室旅行路线

1 允许露破绽的空间构成

巴比伦的空中花园

这一次我们的运气不好。我们原定的路线是在雅典港卸下从日本船运过来的汽车，然后从土耳其直接进入叙利亚，从叙利亚向约旦、伊拉克、伊朗进发，经过巴基斯坦、阿富汗，然后到达最终目的地印度。但是我们眼见着费了好大劲运过来的汽车，却不得不原封不动地送回日本，因为我们碰上了雅典港的大罢工。我们分开两组，决定在印度会合，然后我带着我的小组飞向了伊拉克，这是1977年春天的事情。

我们乘坐一辆巴格达租来的汽车，与伊拉克学生联合会派来的一名学生，带着他上衣口袋里的一封"信"开始了我们的旅行。

那封"信"是一张调查许可证，威力相当大。我们到处都遇到叫停，在这个国家警戒极严，没有这封"信"的话，根本不可能进行聚落调查。并且，那个学生的行程因为也受到学生联合会的严格监控，所以每次我们都被迫返回巴格达。即使这样，我们在村庄受到的欢迎还是大大激发了我们的调查热情。但不可思议的是，在伊拉克，并不存在明显的沙漠聚落和戈壁聚落。

在继承波斯传统的近邻伊朗，波浪般穹窿屋顶的聚落，有让人耳目一新的感觉，沿底格里斯河、幼发拉底河流域的旅行，却好像走在文明发祥地的教科书中一般。巴比伦的空中花园、螺旋状的萨马拉塔把我们带到了一个遥远的梦幻世界，但这些众多的遗迹与现实中的聚落之间，却横跨着巨大的空白与隔膜。

家族岛聚落

我们在伊拉克也不乏奇妙的经历。在开始印度的聚落之旅前，我想从伊拉克的经历中挑一个形态不凡的聚落谈一谈。

沿着底格里斯河与幼发拉底河交汇处向下游进发，我们来到一片沼泽地带。这一带的住宅都是用芦苇搭建的鱼肉糕状的房屋，让人惊奇的是每个家族都自住在一个小岛上。这些小岛的直径顶多二十米左右，大小也就相当于一家普通住宅的宅基地，是用泥土与家畜的粪便夯实堆建起来的人工岛。当然人们只能乘坐优雅的小船往来于各家之间。

居住采用大家族形式，所以每个岛上总有两三幢住宅。这里的岛与岛之间相隔数十米，到处都散布着这样的小岛群。小岛群里面有招待客人的岛，那里是起着类似清真寺作用的邻里中心，有的装饰是芦苇做的饰品。我们造访的一个相对大型的客房里，中央部位砌有一个地炉，边上摆放着漂亮的茶壶。但是小岛群上的客房因为只有一幢，并不特别显眼，从外面看和

*［图20］底格里斯河与幼发拉底河流域下游的"家族岛聚落"

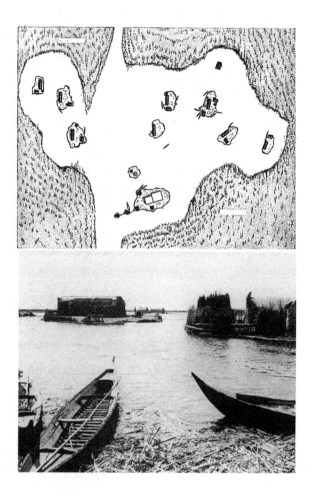

其他的小岛没有区别。

旅行刚开始时,飞机抵达大马士革机场之前,透过薄薄的云层,我们看到了下面星星点点的群岛。我兴奋极了,刚还被同事开玩笑说,我那是因为太想见到完美的离散型聚落了,所以眼前出现了幻觉。而现在,那聚落就出现在了我的眼前。

今天,人们在各式各样的住宅中过活。生活在水上的人也有多种多样的居住方式。比如哥伦比亚的水上人家,的的喀喀湖上的浮岛。说起船上生活的人,日本也有很多。但是,要筑岛就要筑出足够大家共住的大小,或者是可以一点点生长的那种方式,这是自然而然能够想到的。不仅如此,我感觉适合共同体长时间共同生活的空间建构方式,除此之外应该还有更多的选择。

然而,我的这种先入为主的观念却在所到之处每每遭遇否定。这里的"家族岛聚落"与沙漠中伊斯兰聚落的空间结构几乎完全相同,伊斯兰住宅中作为明确边界的墙壁,在这里只是替换成了小岛周围的水面而已。不过,与伊斯兰城市麦地那相比,这里的客房有着聚拢邻里的意味,也就是形成了住区,这是它的特色所在。沙漠中的伊斯兰聚落与这里的家族岛聚落,从外在表象上看虽然南辕北辙,但是聚落的结构却是同一类型的,它们是解释这类现象时绝好的、成对的案例。

聚落的形态

"家族岛聚落"很好地代表了我们迄今为止调查过的聚落群的性格特点。人们并不一定只住在稳定的自然环境里。恰恰相反,他们就是靠创造出一种极限状态下的均衡,住在一般人看来匪夷所思的地方。他们抓住仅有的一点点可能性,最大限度地将它变为现实,从而找出自己的活命之路。他们忍受着其他方面的不利条件,并将那些不利反过来转化为共同体必须团结一心的制约条件——那是一种从结果来看的均衡状态,聚落的形态便由此而生。因为这样的道理,我们即便对那个社会里人与人的关系一无所知,但还是可以从物的方面对那个聚落进行评说。

令人好奇的是,历史上人们利用身边现成的材料或者加工这些材料的工具,建造起表面上各式各样的住宅和聚落,但比如在聚落的排列方面,人们的想象力却总是停留在一定的框架之内。这样一些事由就是"现象与结构"这对概念背后的事实基础。

但是,若要对"结构"这个不确切的概念的内涵进行说明,观察这个"结构"的人要么事先备有一套合适的词汇,要么沿着物象的启迪一点点找出合适的描述语,此外别无他法。比如中心、边界、开闭性、密封性等就是这样一套语言工具。比如"家族岛聚落"、伊斯兰城市的麦地那、离散型、基督教文化圈的典型聚落。由于这些语汇群以及它们所引发的关联性,我们才想到了"域"这个表达聚落终极结构的概念，"域"能够较好地解释聚落秩序的形成机制，这种机制可以保持内部秩序，同时防止来自外部的不正当入侵。

当然，我们为了丰富自己的语言，遂将中心的概念进行了扩展，对边界进行了研究——不经常准备这些语言工具的话，就不能够对结构进行说明。比如，我们可以用简化的概念说，罗马天主教圈的基督教聚落，其结构具有向心性，住宅的话，不管是木结构还是石头结构，表面看虽然完全不一样，但是空间结构方面却都是向心性的。我们对于向心性形态有充分的了解，所以我们对聚落空间的构成非常清楚。

但是，当我们不掌握词汇群工具，对当地的文脉又不了解时，事情会变得怎样呢？那时我们就会陷入混乱，正如当初我们在中南美洲的聚落所遇到的情形那样。

我们在印度，就是由于缺少用于理解印度聚落的语汇群，以及对文脉的理解，让我们陷入了混乱之中。对于我们来说，即使掌握了能够充分说明当地人际关系的如种姓制、联合家族制（译注：joint family）等语汇，然而那些并不能成为直接对物质空间排列做出解释的工具。

在这次旅行中，我们了解到在东亚的各个主要城市里，由于西欧现代建筑的影响，大多都呈现出一种漏洞百出的不协调景象。如果说这是现代化浪潮的必然结果，倒不如说在东亚原本就存在着允许露破绽的空间构成方式。

如果一种文化里，存在着填补聚落形态上的漏洞，使之保持均衡状态的以及从外在形态中看本质的感知力的话，那么我想，无论经济如何入侵，景观也不会那么轻易地崩溃。果不其然，拒绝外在形象的印度聚落与个案空间在前面等着我们。那是一个与我们自"家族岛聚落"开始，到目前为止收集到的所有聚落类型都不相同的聚落群。

2 统领整体之物的缺位

何为印度风格

从降落到孟买机场的那一刻起，我们就被印度风格震住了。那是许多人至今还在谈论的印度，也是今后或许无限期地谈论下去的印度。

殖民时代的建筑和现代建筑、市场、卖水果和服装的露天商店、薄荷商贩、大海、树木、车站、邮局、纸币、出租车、英语、太阳、可口可乐和果汁，这些东西浑然一体，无处不让人眩晕。从中随便捡出一个来都是印度风格的。但想要原封不动地说明一件小事的话，语言就会连成串，无休无息，无边无沿，最后只能放弃努力，归结为那就是印度式的。这是一个套套逻辑（tautology）的世界。

城市中，最有存在感的就是人群。在印度，人这个词所蕴含的普遍性在多大程度上有效呢？

例如，我们说贫民窟里的人，或者称他们为穷人；然而在孟买，说贫民窟，说贫困也存在不同的阶段。首先，在孟买的繁华街区的便道或广场一带，就有架着锅做饭的家庭，走路时不小心也会踢到正在路边睡觉的人。遇到抱着孩子死乞白赖地向你要钱的少女时，就不得不四下里躲逃了。还有那些背靠着街道的墙壁，各自按自己的想法撑起一块布做屋顶，在那下面生活的人们。

说起贫民窟的居住状态，至少要先从说明这两个阶段的居住形式开始谈起，而且贫民窟实际上也有各种不同的形态：从中南美洲贫民窟风格的小屋，到四五层楼高的破旧的木结构集体公寓，人们混杂地群居在一起。当然，我们很难否认大都市中出现的这种经济性贫困，但是，让我们感到吃惊的不是贫困，而是表现在居住方式上的多层级性，及其混合在一起后所呈现出来的样貌。

印度是非常炎热的，我们在以孟买为起点的旅途中，就曾受到村民们的嘲笑，为什么选择了连印度人都避之不及的四、五月份来印度考察呢？热浪袭人，那是一种沉重的热，好像要把身体压垮似地压上来。耀眼的阳光中，所有的东西看起来都显得混浊。但是，这样的炎热一旦从空调房间看出去时，眼前的景色就变得非常清晰。当然，有不少人正在从开着空调的住房里眺望院子里的叶子花。

我们是在英吉拉甘地政权从权力的宝座上滑落下来后的不久来到印度访问的。据报道，让男性结扎被认为是其政权凋落的最直接原因，读到这样的报道时，有一种奇妙的笑话般的感觉，但是从开着空调的房间透过玻璃窗眺望印度的城市，特别是地方中小城市里拥挤的人群时，我想报道中的政策出发点是最反印度的。不管怎样，报道推测说那成为执政者的最终形象也将是必然的结局。

担心再遇到雅典港大罢工那样的事情，我们在日本就预先做好了准备。我们乘坐着配备了两名驾驶员的大巴车，从孟买出发一路向东，然后向北，去探寻聚落。我们一行九人开始了这次聚落之旅，但如果缺少了来我们研究室留学的印度人萨拉优·阿芙佳的话，我们的旅行可能完全会是另外一个样子。

她从马德拉斯大学的建筑系毕业后，马上就来到了日本。因为她研究过印度的村落，碰巧来到我的研究室，我想她原本是想学习现代城市规划的，但运气不巧，被卷进了我们的聚落研究，不断面对着我们的提问攻势。这好像是萨拉优·阿芙佳来日本的动机之一，有一小段时间我以为她回印度了，可她那个时候与在日本工作的丈夫结婚了。

看着她的样子，会对印度产生一种错觉。她是那种行动力强、知性出色的人，这次旅行成了她一个人的舞台。我们或许是通过她的眼睛来看印度的，所以，我非常注意萨拉优·阿芙佳的眼睛。在研究室，她是我和学生们的好助手。

易碎品聚落

我们看到的印度或印度的聚落到底是什么呢？这个问题到现在也不断地反复出现在我的脑海里。刚开始旅程后，立即访问的一个叫做雷伊的村子，成了我们谈论印度聚落时的一个标准。

雷伊村是附属于一个叫做科迪的主村的完整聚落。之所以去访问这个住宅群的村落，是因为远远地我们隐约望见了四棵残留的土柱子。柱子是过去公馆的残片，人们就在这个废墟的周围建起了小土屋，形成了一个街坊。在这个街坊的前面，是一个与道路无异的广场，立有三座曼地尔庙，还有一所学校。

在土房子街坊的对面，有一片与树木融为一体的稻草屋顶的住宅群。土房里居住的是从事农耕的农民，稻草屋顶的房子里住的是专门从事畜牧业的人。曼地尔庙前，有一个独居的乐师的房子。在那片土房的边上有一个既不像庭院也不是道路的走不通的空地，这片小住宅区是属于佛教徒的。空地相反的另一端有两个小壁龛，形成了血缘关系的邻里街坊。土房住宅群里有几栋砖砌的住宅，严重打乱了这里住宅的统一性。

这个聚落的整体景观,与我们之前见到的聚落的形象相比大体是相反的。这里杂乱无章,没有形成一定的形态。当然,这里没有城墙,就连聚落的边界、小住宅区的边界、宅基地的边界都模糊不清,就像观看一个聚落中的易碎品。

这就是统帅全局之物缺失后的景象。雷伊村这个有崩塌土柱的聚落清晰地留在了我们的记忆里。但是,那崩塌的土柱却像"家族岛"一样,并没能反映在聚落空间的构成方式上。我们在称呼已经访问过的聚落时,虽然并非出自本意,但还是称作如:有大象的聚落、菠萝蜜的聚落、吹喇叭少年的聚落、看到啄木鸟的聚落等。尽管我们继续着旅程,就是为了结束对空间的这种认识。

接下来我们访问的,是一个叫做伽罗达的聚落。这个村子也是由两个住宅群组成的,一个是租种不在本地的地主的土地的农民们的住宅群,住宅呈网格状排列在广场左右,广场连接着刚刚翻新过的色彩艳丽的曼地尔庙。住宅群边上有一幢平面呈口字型的住宅,那是这一带首领的房子。这一点很容易理解,作为有管理的聚落的普遍模式,即使不在印度也是一样的。另一个住宅群是旧时的主村,有中央广场,还有三座白色的曼地尔庙。村边有一座清真寺,附近的住宅共用分户墙,密集排列在一起,较为封闭,从道路延伸出来若干条树枝状的死胡同。

由道路划分边界的建筑性街区与印度教、伊斯兰教的住宅区域划分并不一致。无论是印度教还是伊斯兰教，住宅的形式和规模都不一致，只能勉强分清楚这一带和有着曼地尔庙的广场的那一带不是同一个区域。只从景观的、物化的角度来观察或调查，是无法清晰地把握聚落的构成方法的。

突显自然

在我们看了若干个这样的聚落的过程中，我们逐渐明白了对于这种没有经过把控的空间构成，我们必须将它看作很普通自然的东西来接受它。至此，我们所见到的聚落，哪怕是中南美洲荒凉的印第安聚落，我们都可以通过拓扑学的抽象手法，将其空间构成中的某一原理提取出来，并冠以"离散型"之类的名称。这种做法最值得信任的依据就是，那种住宅形式在所有聚落里都是统一的。然而，在印度的聚落里就欠缺这种东西。也因此，在讨论住宅的排列布局之前，聚落的整体外形就是崩塌的，这也让我们知道了我们正处于不同于以往的、另一类聚落系列的文化圈之中。

再有，对于想要对世界范围内的聚落进行空间构成方式比较的我们来说，最不利的一点就是，在印度的不同地区，一个接着一个地涌现出各种空间构成方式不同的聚落，这让我们无法从中提取出哪些类型才是印度风格的典型。

有的聚落从包络线上看具有向心性，但广场却位于村子的边上，有的村落局部具有像西班牙的横穴住宅群那样完美的组团结构（这里指邻里住宅群），有的聚落由于采取了地主制（一种类似领主制的制度），因此用类似西欧城堡作用的公馆，形成一种向心性的结构。除此之外的村落当中，除少部分的例外情况，绝大部分都呈现一种极端均质的分布状况。即使把它们都集中在一起，虽然有地区方面的整体性，但也各自呈现多样化的特点，我们还是无法总结出作为聚落整体的画像。那种有力的完美型的美丽聚落，终于没有在我们的旅程中出现。

萨拉优·阿芙佳无论走到哪个村里，都是吸引人们目光的中心。村民们都追随在她的身后，也多亏了这个，我们才能够专心进行绘图工作。萨拉优所到之处，最开始被问的问题总是你从哪里来的？她有时候会说是从孟买，有时候会说从马特拉斯，有时候会回答是从东京来的。她笑着对我们解释说，那些回答其实都是相同的。在印度，各个地区的语言不同，即使是同一个印度，从一个地区到另一个地区也好像去到外国一样。从聚落的外在形式的多样性来看，我觉得我们也能够理解这样的感觉。

在印度，大体上建得漂亮的住宅不多。无论是沙漠住宅的结晶性，或者一个个穹窿拱顶的那种好像能听到相互间呼吸声的波动性、亦或是印第安住民们那种顽强忍耐的尊严性、日本民居的端庄姿态，无论在哪个地域，住宅都有漂亮地伫立在那里。

印度的住宅即使是大规模的，或被赋予了某种形式，建筑也没有本该具有的直立的姿态。在印度，树木是风景中唯一一个有尊严地直立着的景物。我们在调查时，时刻准备着躲进树荫里，哪怕早一秒也好。芒果树、印度苦楝树、榕树都变成了参天大树，简直像建筑那样矗立在那里。散落在耕地里的高大树木，就像一座座由许多精致细部构成的透明宝塔。成片的树木从远处看，树干犹如列柱，整体如柔软的神殿，让人产生一种抑制不住的冲动，想近前一探究竟。印度聚落中人们的眼光，相比住宅也是投向树林的。不，树木在印度的聚落里就是建筑，突显自然的技术就在印度。

3 混合系的印度

从尼泊尔看印度

我们的旅程以孟买为结点，分成南北两个环路路径，我因为在伊拉克耽误了一些时间，没有能够参加南环组的行动。因此，我没能体验到在喀拉拉邦看到的那种无边无际延展开来的离散型聚落模式。其实，即使我南北两个环路都走遍了，本来旁遮普邦以及恒河下游流域就是在计划之外的，所以我们看到的只不过是一般意义上的印度文化圈的很小一部分。

不过，我们在有限的区域内见到的聚落，它们在空间构成上是多样化的、不确定的，然而，当我们把它们与世界其他地方的聚落相比较时，其整体上的显著特点就渐渐地显现了出来。

　　作为印度之旅的中途小憩，我们访问了尼泊尔的加德满都盆地，这可以说给了我们一次观察印度的全新视角。渡过恒河，沿着坡度很陡的山路一直向上，当我们花了很长时间登到顶部的时候，眼前的景色为之一变，通透开敞的视野，让来自酷热印度的我们仿佛走进了另一个世界。穿透天空的喜马拉雅山脉、层层梯田的山谷、清冷的空气，无论哪一点都和印度形成了鲜明的对比。

　　特别是聚落的整体氛围，让我们的心情彻底放松下来。这里的住宅外形就像是日本的仓房建筑变成茶色后的样子，其比例和质感（表层的状态）宛如童话中的一般。另外，住宅外形虽然是统一的，但它们的排列组合却是随机的，有时候几户人家挨在一起，有时候又分散在各处。这种规律性不强的排列组合从平坦的盆地到山谷，随着地形的变化而延绵开去。也正因此，这一带更有一种人间乐园的气氛。

　　住宅密集时，各户共有一处既不是道路又不像庭院的空地的状况，与印度的聚落颇为相似。不过各家各户都有着相同的住宅形式这一点上，与印度的聚落存在决定性的不同。因此，这里的空间结构对于我们来说是容易理解的。我们眺望着沿山脊分布的聚落美景，享受着电影分镜头般美好的一刻。

　　与聚落整齐的外观相比，加德满都和巴克塔普尔等的印度教寺院广场，各

*［图21］ 加德满都之谷聚落——杉谷亚村

种要素就非常多，不免让人感到杂乱无章。原本印度教的世界就是由多元化的物质构成的，这一点在尼泊尔的印度教寺庙广场上得到了极端的表现。

这种多元性在印度的聚落中也曾有所表现，但是在加德满都的一个叫做杉谷亚村的较大规模的村落里，得到了非常清晰的视觉化表达。那个村子里并不全都是童话般的房屋，也有共用分户墙的大型住宅，它们构成了村落的主干街道。干道旁线状散布着一些小庙和祠堂，一些小的岔路上也分布着一些朴素的宗教性的表现物，整个村子的中心是分散化的。

或许是因为日本人长相与尼泊尔的村民比较相像，他们总是以为我们是从哪个尼泊尔的村庄里来的。在眺望喜马拉雅山优美景色的图利凯尔山麓，我们访问的那家人正在和附近的村民举办庆典活动。我们进去以后，孩子们立刻给我脖子上挂上了谷物做的项圈，主人在我的额头上画上了印度教的标记。在印度却与此相反，当地人始终把我们看作远方来的人，萨拉优·阿芙佳也不例外，也是远方来的人中的一个。我想这种距离感上的不同，或许就意味着人与人之间建立相互了解关系时的方法之不同。我们在印度的乡村，或是城市的人群当中，都感觉到了这种人与人之间的隔阂感。

单一的尼泊尔与混搭的印度

另一组调查队员去博卡拉，调查了椭圆形平面的住家聚落。尼泊尔正如许多研究报告所指出的，是一座聚落的宝库，我们接触到的只不过是其中很小的一例。然而，同属于印度教文化圈的尼泊尔和印度相比，从聚落形态方面看，虽然不乏共同之处，但也有着非常显著的不同。

从住宅构成要素的角度着眼进行观察的话，尼泊尔的聚落属于"单一系列"，印度的聚落属于"混合系列"。加德满都盆地中童话般的聚落与印度的一样，聚落边界在物化表达方面是极其模糊不清的，然而那里却没有给人一种易碎品样的感觉。至少从居住的角度看，各个家族作为聚落中的一员，相互之间具有等质性，这一点无论从哪个角度说都是构成这个村落空间秩序的基础。

均质的住宅空间产生出各种各样相互呼应关系，以此我们首先能够对聚落的空间构成有所理解。例如对于边界不清的广场和庭院，也容易对其含义做出解读。这样的空间构成也会给观察者带来一种统一整体的印象，这也成了我们认识到访过的聚落"易懂性"的条件基础。

但是，印度的聚落真的就是易碎品型的吗？而且即便看上去像易碎品，也不能仅凭它的住宅外观没有统一性就简单地下结论，肯定在其他方面存在附加条件。当我们从加德满都盆地下来再次地向印度进发，与夕阳下映照下的聚落依依惜别时，我在思考应当把印度的聚落提给我们的问题彻底搞清楚。

伊斯兰教与印度教

我们再次访问了恒河沿岸平原上的聚落。天气越来越炎热,我们也学着村里的老人,在井边用凉水从头顶上浇遍全身,每去到一个村子时先用凉水浇头。这个时节里,我们多次遇到傍晚的雷阵雨,只见周围的人群中忽然传来一阵骚动,天空变得昏暗,风似平地而起,紧接着暴雨便倾盆而下。那种突如其来的异样感,开始时竟让我们感受到一阵如地震来临前的那种不安迅速掠过身体。暴风的力量摧枯拉朽,卷起漫天沙尘,周围犹如被一面土黄色的胶质物盖住,眼前的一切顿时全都消失了,大雨紧随其后像是砸向地面一样下起来。这是雨季来临的前兆。

炎热、阵雨、雨季,这几个词带给人的不是季节感,而是强度和落差。在印度,有的地方冬天甚至会下雪。印度的村落面对这样大的强度和落差,却实在没有准备好任何建筑上的防护措施。例如与沙漠中伊斯兰文化圈的住宅相比,这种差异就非常明显:伊斯兰文化圈的沙漠住宅里聚集了如换气管、屋顶、供水管路、壁龛等建筑上的解决方案。印度的住宅缺少这种为实现驾驭自然而进行的考量,但这也成了它最显著的特色。这里看不到明显的钻研打磨的痕迹。不仅限于住宅,在印度,目力所及之处构筑方面的措施办法,几乎全都是伊斯兰文化带到印度来的。泰姬陵、为数众多的清真寺和城堡都矗立在那里,闪耀着历史的光辉。

伊斯兰教与印度教在空间感方面的差异,在斋浦尔天文台与乌代布尔的宫殿里得到了很好的体现。斋浦尔天文台可称得上是伊斯兰文化的知性幽默与装置机关的极品之作。例如,众多奇形怪状的天文观测仪像是在游乐园里一样摆放着,体型巨大的器械犹如过山车,而它的小型版则效仿星座摆着十二个。那种让人搞不清是认真的还是在开玩笑的机巧装置方面的造型能力,让我们当时便产生了一种浮游的感觉。

另一方面,乌代布尔的印度教的空中花园,是一座有着令人目眩的高大廊柱的美丽宫殿。宫殿的中央矗立着一棵参天大树,树下形成一片浓密的阴影。伊拉克巴比伦遗址中的空中花园的梦想也延续到了印度,将树木和树荫当做空间装置和造型手段来使用,这样的构思实在是印度教以及印度特性的象征。

托拉

针对人的生理方面的舒适性要求,如果从建筑方面能够给出解决方案的话,那么这样的方案就会成为住宅统一建构形式的一个契机。自然条件并不是决定住宅形式的全部理由,聚落中是存在着不使自己看上去像易碎品的造型方面要素的。

在这方面,我们访问的是一个叫做蒂伽利的聚落,在我们调查过的聚落中，是空间构成形式上最简单明快的一个例子。然而，即便在这样一个聚落里，谈起住宅在建筑方面的解决方案，也不过是设有印度很普遍的阳台而已。值得注意的是，在村子的中心地带有很多树荫覆盖的小广场，一条条由住宅外墙形成的小路巧妙地与小广场连通。这些小广场不但标示出村中邻里之间的分界和区划，同时，也把村民与树木的共生关系用图示的方式表现了出来。

这样的空间构成方式在世界各地随处可见，通常情况下这种模式会被复制，遍布整个村落。但是，在蒂伽利村却有一个住宅群区域没有采用这样的排列模式。在小广场区域，通常住宅都采用四周围着外墙的联合家族形式，但这里却零散分布着单栋住宅，好像寄生在这片区域一样。另外还有的区域虽然共用着外墙，却没有邻里小广场。也就是说，这里与之前说明的聚落一样，不只是只有住宅，而是一个由不同性质的区域组成的混合系。

这样的区域适应印度的种姓制度而被称之为托拉。托拉的边界并不是总能用肉眼看到的。有时一个托拉会细分成多个部分，建筑上的街区也不见得总与托拉相对应，有时邻居家属于另一个托拉的情况也是有的。用萨拉优·阿芙佳的话讲，印度人即使知道自己是属于哪一个托拉的，却无法确切得知其他家庭属于哪一个托拉。去印度南部的话，种姓制的托拉就是种姓的通道，但即便如此，也很难说区域界限的标示很明确。

确实，分区在世界各地聚落的建构方式中属于一种特殊的方法，中世纪的西欧聚落有"高城"与"低城"，伊斯兰世界有麦地那中的卡斯巴与犹太区域，或者也有存在于所有文化圈中的、由从事同一职业的人形成的住宅分区等。然而，这些例子全都属于一种特殊住宅群的区划手法，而针对所有的住宅，将它们划分成若干性质不同的区域，这样的聚落构成方法，不能不说是印度独有的。

巨大的"混合系"

如前所述，印度聚落可以用分区这一手法进行解释，称为"混合系"。让我们进一步通过前面提到过的各种特性进行如下补充。首先从宗教方面看，一个聚落里面，不同宗教信仰的人居住在一起。当然，有全都是印度教教徒的村子，也有我们在旁遮普邦看到的，只有锡克教教徒居住的村落。然而在印度，还有一种松散的村庄组成方式：它允许一部分穆斯林、佛教徒、基督教徒混合居住而没有任何的不便。

另外，物质环境方面，可以说是由建筑和庇护所的树木所组成的"混合系"。也许有人会说，将树木作为建筑的延伸，这种手法随处可见，有的地方的人还把树干掏空居住在里面。但是，住在日本的话，树木貌似是建筑的延伸，然而实际将这种对树木的认识付诸实践，总结出方法的例子却比想象的要少。在印度，甚至连居民都可以看成是树木的延伸。还有促进混合的附加因素，就是中心分裂后的多极化。比如古老的寺院与崭新的住宅这两种性质完全不同的形态要素可以同时存在。

聚落本身不但能够看成是一个"混合系"，从聚落的外在形态因不同的地域而各不相同这个意义上看，整个印度都可以看作是一个巨大的"混合系"。我们在去菩提伽耶的途中，路过了一个叫做伽耶的村子，这一带有着印度少有的清澈、宁静得宛若绿洲的景色，真不愧为传说中释迦牟尼顿悟的场所。

然而，即使是今天也常常把我带回到旅途记忆中的，不是在那个寂静的，有一面曼陀罗壁画的下沉广场中度过的傍晚，而是在离广场很近的伽耶一隅，望见的那一幕摄人心魄的人居景象。在一片纷乱混杂的住宅群中，曾经威严、端庄的寺庙和水池如今已经破损大半。在这样一种状态下，半裸的人群挤作一团，周围散发着一种异样的香气，有人在呼喊，人们无拘无束的动作混杂在一起，让人有种身处画中的错觉。那就是易碎品的聚落，也就是作为现象的"混合系"的终极景象。

但是，聚落一定存在某种秩序。聚落中不可能没有一种保持"混合系"状态的空间秩序。为了解读这种秩序，我们的旅行还在继续。

4 可分离的空间

印度的两面性

印度对很多人来说是神秘的，至少是有魅力的，这是因为即使在今天，我们仍然可以看到两种相互对立的性格同时存在于这个国度。这尊两面神的形象，是在两个相互远离的位置上通过同时投射灯光，展露在我们面前的。

其中一个位置，是以马克思、H·S·梅茵、巴登·鲍威尔等人开创，至今仍然绵延不断继续着的社会学方面的研究工作。在日本也有像福武直、中根千枝等众多优秀的研究者描绘的印度的画像。这是一种由"生活在共同体中的人们"所勾勒出的画像。

这个系列的研究对于非专业人士来说，大概是一个很难想象的庞大系统。然而从一个旁观者的角度，可以看到由马克思提出的印度聚落作为共同体中一个典型的亚洲式生产模式，不久后明显表现出多样化的趋势，而现在则更加细化到对每一个聚落的具体描述。人们经常用"小宇宙式的"来形容的这个共同体的形象逐渐走向崩溃。马克思的论断也面临着必须进行各方面修正与更新的局面。然而即便如此，共同体内部的人的形象依然占很大比重。

从我们的调查之旅所得到的印象出发，最为朴素的疑问，也是最让人感叹的是，为什么印度人喜欢过如此密集的群居生活呢？虽然他们有时候也有散居的情况，但比例很小，几乎等于是在平地上形成了岛状的住宅群。这样一种形态或许就是共同体内的人的形象的起点。

　　另一个投射光的位置，也许来自从吠陀到奥义书，接下来是佛教、耆那教等宗教，以及深奥无比的哲学体系所照射出的"作为个体生存的人"的印度。

　　在印度，渗透进本土的神灵、神话、民间传说以及人们的日常性思维活动当中的多元化的、个体化的原理，也被附加到上述的研究当中。西方人在谈论东方事物时，也经常对这个"人的个体性"问题予以了关注。披头士的《Let it be》更是达到了幻想的境地。特别是对于日本人来说，当我们得知平日里认为是日本式的、生活中的林林总总都起源于印度，肉体正在走向死亡的我们透过对佛教一知半解的知识，意识的中心自然朝向了它的故乡——印度。

　　从我们的调查之旅的印象来看，最关键的是聚落里缺乏物化的装置和措施，缺乏物质空间的统一性和透明性。这些欠缺让我们联想到观念领域中个体的人可以起到弥补的作用。

　　对于那些造诣深的人来说，印度恐怕并不存在那种两面神式的形象。但是，从那些知识体系并不全面的人的眼中去看，上面的研究所照亮的印度的两面性,只可能是奇妙的。因此,直到身临其境之前,他们无法想象印度的聚落究竟是怎样的一种风景。

投影于物体的空间概念

假设某种文化孕育出了具有通用性质的空间概念,而该概念应当被投射到实际物体上去,那么,这种空间概念应当与文化自身的逻辑结构有着很深的关系。

沿着上面的思考路径前行,比如佛教典籍教授人们的作为全否定逻辑的"空",到底是通过什么样的空间结构被展示出来的呢?"空",有时候作为一种情景是可以理解的。古典的短歌、茶道的美学,就暗示着"空"所支配的场景,那不是指空间的结构,而是场景,也就是现象,是发生的事件。"缺失的风景"就是"空"所代指的状况吧。例如《大日经》里全面否定的报道与《大森林奥义书》中的表述属于完全相同的一个类型,都是围绕永恒不朽之物展开的。

这样一种文化中枢性质的逻辑,渗透到人们的情感与日常性思维活动当中,渐渐地以某种形式在物质世界中被表现出来。想在混杂着清真寺的聚落中,观察到古老文化孕育出的逻辑或美的理念也许显得很奇特,然而,自古传下来的许多制度在我们访问的聚落中,却更加纯粹地延续着的。另外,以同一系统的逻辑，如"梵我一如"所解释的投射原理，如果用"小宇宙式的"来理解印度的聚落共同体的话，该描述的含义所及在一定程度上是吻合的。但是这种解释是牵强的，因为"梵我一如"指的是针对个人投射的情况。

关于印度聚落的空间构成方式，许多有关村庄土地所有形态、种姓制度、家族制度的研究，为我们提供了简明易懂的说明。其中土地所有形态的研究解释了共同体中人的作用。

但是，一般来说，作为物化表现的聚落是不需要理解各种制度，就能够理解其空间的构成方式——也就是适合空间的形态的，这是可以理解的。例如伊斯兰世界的聚落就是很好的例子。伊拉克的"家族岛聚落"，即使不知道那里采用的是什么样的社会制度，如果能够准确把握其形态并作出解释的话，那恐怕这种解释与社会学角度的解释在某个局部上会发生重合，其根据就是，所描述的聚落形态经过了长时间的考验，没有发生变化。并且聚落中的住宅排列形态，会与空间概念中的物体典型排列样式相一致：例如对宇宙观的空间表达样式等。

我们也曾幻想是否会出现如曼陀罗一样的聚落，但是实际上，我们既没有看到如古印度城市那样规整的聚落，也没有见到如曼陀罗的翻版般的聚落。我们看到的，是更加柔性的，同时具备平面上区域划分的——该平面具备曼陀罗的特性，作为一种最重要原理的、即功能分区的聚落。

分离的可能性

我们对于旅途中自己新造的诸如"缺失的风景"、"缺失的装置"、"混合系"等词语的内涵，在每次访问一个新的聚落时，都进行再次的检验。我们一面有投向印度的那两束研究成果之光，同时又怀着对那两束光抱有的质疑，努力行进在对聚落共通的秩序原理进行解读的道路上。

确实，印度的聚落是混合系的。但是同样地，既然种族制与联合家族制等可以用来解释社会性关系的秩序概念，那么聚落空间上就不应该没有它的物化反映。我们在旅行中和旅行结束以后，一直反复不断地针对那些外形多样的聚落所共有的空间上的秩序进行着探索和解读的工作。

我们逐渐搞清楚了，所有的聚落中几乎都存在着与形成秩序的众多手法必然相伴的领域概念等：包括住宅内部的分区与作为"域"的阳台、托拉、成为住宅排列方面方向性准则的纵横直交性及高分枝性的、与道路一体的不像广场的空地，位于托拉或者聚落边缘可能性高的公共设施及宗教建筑的位置和多元性。

从如此多样化的印度聚落群所共通的、形成领域秩序的方法角度来看，建构聚落的意识普遍较弱。我们由此可以感受到聚落形态的形成过程：在久远的从前，人们刚开始聚集在一起居住，此后对这种状态进行的分离操作，便是秩序形成的开始。

我们在访问印度聚落的同时，也在寻找一个词语，一个用来解释这些聚落空间的概念。它是否是"分离可能性"这个词呢？如果是的话，我们其实应该更早些时候就注意到它。这是由于像"关闭房门"、"关闭城门"这样的有关"分离"语义的描述，是解释空间结构时第一个要描述的对象。然而，直到我们去了印度，开始尝试着对其含义反复进行解读之前，我们对于分离可能的空间的组合方式既保持着连续性，又存在多种多样的层次这样的知识一无所知。

在之前的"单一系列"的聚落中，可分离的领域是有限的。我们尽可能地对分离机制加以限制并进行明确，然后边想象着联结时的状态，边重新把整个聚落与其他的聚落分离开来。例如基督教文化圈典型聚落中的房间、伊斯兰聚落中的住宅、西班牙横穴聚落中的邻里组团，分离机制的作用强度是固定的。

相对于这些聚落的分离性强弱程度来说，印度的情况虽然全都保留着联结的可能性，但是在没有单个房间这一概念的住宅内部，作为住宅、近邻以及近邻组团，实际上聚落的建立都是以可分离的空间为基础的。但因为这些分离中不具备作为边界的机关或机制，相比基督教聚落中的单个房间的门、伊斯兰麦地那中住宅的墙壁与房门或城门等分离机制，印度无论哪个层次的分离性都是极其模糊不清的。

印度的聚落具有一种最大限度隐藏分离可能性的空间结构。它改变了住宅形式，把中心分解成多极，进行用途分区等等还嫌不够，终于放弃了建筑上的机关装置而选择了空地这一形式。另一方面，因为个人与集体、集体与集体之间需要留存各种形式的分离可能性，因此就必须保留下空间上的联结性。这是因为，如果为了某种特定的分离理由而建立起边界的话，就会丧失掉其他种类的分离可能性。这样一来，我们在某一阶段，就必须停止对分离与联结的物质性控制，之后只能将形成各种各样领域的控制权交给人们的意识与行动。中止物化进程时的形态就构成了缺失的聚落风景，换句话说，也就是形象没有追赶上空间结构时的风景。进而，这种具有非确定、非控制性性质的结构，就造成了空间性的"域"的弱化，也决定了它容许来自外部的入侵。

分离的原理

　　如前所述，当我们关注空间中的高度可分离性的时候，我们注意到，我们对印度的两面性的模糊认识，也就是在"个体的人"与"共同体中的人"这两个具有双重性含义的两极之间，是有一个分离的原理将他们联系起来的。

　　共同体的意象一般情况下让人联想起一体性的、共存性的、同等性质的东西。然而，这些意象同时也意味着使用权利的分散分布、为解决难以避免的矛盾而将单位集团分离开来以及财富的分配。马克思在这种分离与联结之间，提出了一个没有矛盾的世界设想。今日的印度虽然明显显示出了许多发展的局限和阻碍因素，却仍然带给人启示，这是因为它将共同体的生存方式当做了一条不言自明的公理，至今都保留着分离结构。而这一点在任何一种体制中，都变得愈来愈扑朔迷离。

在我看来，解释印度聚落内在构成的各个概念，如联合家族制、种姓制度、聚落形态的混合系（joint type）等，它们所表达的内容里，分离性与联结性相比，显得更占据优势地位。分离性作用于集团形成的各个阶段，作为分离手段的各种制度最后留下的，我认为就是将"个体的人"相互分离并使其自立的规约——印度思想的诞生。

5 向印度学习的意义

易碎品的风景

对许多人来说，经常谈论的印度是精神上的，或者说是更具体意义上的、感怀于他们生存方式的印度。相比之下，从物质方面谈论印度的情形就比较少。应当说，印度作为与西方世界相对的一种概念图示，一种不为物质所俘获的东方心灵的象征，这样一种图示大概是无可置疑的。

事实上在印度，暂且不提古代文化，体现在物质上的文化产物并不多。拿聚落举例来说，它可以鲜活地解释那里的人际关系和社会关系，那里描绘出的是西欧不曾见过的类型。然而作为物质空间的聚落，却被各种人际关系所描绘的图景笼罩在阴影下，形象变得依稀模糊。

　　西欧将个体的独立作为现代化的目标，但如今这一目标却在现代化的过程中变得不确定。如此看来，上述已变为常识的概念图示就显得愈发生机勃勃了。印度人在集团内部保持个体强烈存在感的做法，与管理型社会到处充斥着的、个体在控制、操作的网络结构中迷失自我的景象，形成了极其鲜明的对比。

　　但是，这个概念图示也可以说是远观印度时的画像。印度人不太关心管控这件事，但我们看到了印度正在面对怎样的现实，那种试图把印度人的生活方式原封不动照搬回自己的社会的想法，除了一些有共产主义思想方法的特殊人以外，首先是没有被采纳的可能性的。我想，一般人对待印度式的东西的态度，不外乎当做一种知识储备去学习吸收罢了。

　　就拿种姓制度来说，只要这样的制度存在，不论我们如何小心试图把共同体中的个人抽离出来，终会引发人们对于剥离种姓制度后一个没有管理的社会是不成立的之类的讨论。印度社会无论是完成了现代化之后，还是以现代化为出发点，在能够想象到的多方向发展的未来，我们都看不到它的真实身影。围绕"亚洲式生产模式"的争论，之所以尚未唤起人们对具

*［图22］印度聚落——鸠那番

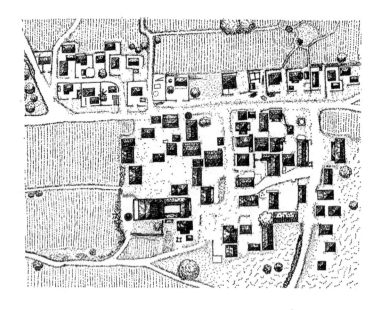

体场景的想象，并不是因为历史事实的认知与解释尚不够清楚，而是因为透过今日的印度，人们也没有见到过一幅完整的共同体画像的缘故。因此，对于尚未脱离开一般认识水平的我们来说，印度的聚落看上去只能是一群易碎品。

差异保鲜箱

不过，如今围绕着普遍观念化的概念图示，事情似乎正在一点点地发生着变化。比如，在环境科学蓬勃发展的过程中，美国的城市内部也出现了如印度托拉中能见到的那种分区。人们无意识之中将自己圈在只属于自己的领地内生活，这种现象已经越来越受到社会的重视。此外，在项目评估方面，还出现了利益共同体集团。另一方面看，有研究提出了生态系统模型，不同生态系统之间的相互作用关系等，也都逐步进入了环境学研究的视野。

在这样的背景下，人们开始意识到不同性质的事物同期共存这一问题的重要性。当然，这种对于同期共存的关注，是与无视阶级性视角的共存思想互为表里的，必须引起我们的注意。例如当我们谈及地域性的时候，我们不仅要知道哪里会发生力量的分散，还需要对不同性质的文化同期共存，以及它们之间发生作用时的情境进行想象，否则的话是无从展开论述的。如果从这样的视点坐标去观察印度，我认为还可以有另外一种从西欧文化圈的角度，向鲜活的印度投来光照的办法。

这就是说，从现象的角度对印度到处存在的差异性，不仅仅只看做一个事例，而是从其相互作用和关联性方面，把印度看作是一个差异的保鲜箱或者培养器。这是一种对该容器的构成进行分析的视角和方法。

从物质或空间方面来看，印度的聚落有着这样或那样的物质性表现。调查那些物质在数量上是如何分配的，或者不同的托拉是以怎样的方式发生交集的，这类方法是不会奏效的。我们应当反过来，针对产生各种现象的基础性的有形空间的组成机制进行解读，而后将这种组成机制拿到现在的日本城市空间之中进行试验，看看它能在多大程度上对具体的现象做出解释和处理。我想这样的研究分析方法才是有效的，也是我们向印度学习的意义所在。

空地的思想

暂且不论生态学的方法，在一个区域的内部不设中心，而在边缘部位设置共用性质的特殊布点，不设形状明确的广场而只保留相互联结的空地，不设遮蔽物性质的边界而让空地产生多样化的分枝等，这些手法具体化后形成的自由的空间，对我们今日的建筑及城市规划都具有重要的暗示和启发意义。这一系列的分离手法与分区的性质无关，它们本身就是有意义的。当然它们也是距离管控感渐行渐远的一种手法，并具备在高密度的社会里实现目标的特质。

但是，印度的聚落空间构成对我们来说，即便在感知层面也没有做到理解透彻。我们的调查方法确实存在局限性，但绝大多数情况下，调查的结果如何取决于我们自身的想象力。从印度回国后，我们不得不开始了未曾有过的学习，虽然程度上有限。这也说明了印度的聚落离我们的直觉感观距离有多远。

我从直觉上感觉到，均质空间有着欲覆盖整个现代社会的趋势，而"缺失的风景"所暗示的分离的可能性应当具有重要的意义，它通过拆除边界，可以创造出能够与均质空间相抗衡的新型空间。将物质封存进现象性排列组合之中，通过控制实现体系化，如果将这一结果称为"形象"的话，那么印度聚落的空间结构就是拒绝形象的。直截了当地说，这暗示着"空地的思想"正在形成。

V

拥有聚落的『世界风景』——西部非洲

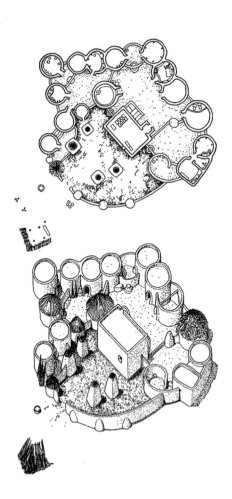

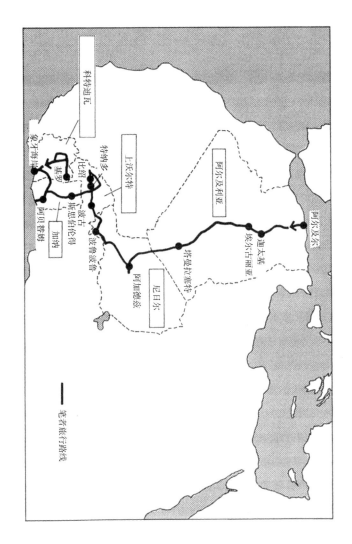

科特迪瓦

上沃尔特

阿尔及利亚

阿尔及尔

象牙海岸

基多

比绍

特纳多

埃尔古丽亚

迪太基

波古

斯思伯伦得

波肯波肯

塔曼拉塞特

阿加德兹

阿贝春姆

加纳

尼日尔

—— 笔者旅行路线

191

1 走进撒哈拉

于阿尔及利亚

我们从日本运了两辆四轮驱动车到巴塞罗那。这一次的旅行是至今为止人数最少的一次，只有六个人。我们从巴塞罗那一口气开到马赛，在那里等待去阿尔及尔的渡轮。其间我们访问了柯布西耶最著名的马赛公寓大楼。这座建筑被公认是现代建筑的纪念碑，果然名不虚传。它毅然而又稍显古典地伫立在那里。我们从图纸和照片上已经对这座建筑非常熟悉了，当晚我们就住在这座集合住宅建筑的中间层的宾馆里，像孩子一样洋洋自得。风，从地中海强劲地吹过。这是发生在一九七八年年底的事。

柯布西耶是相信建筑作用于社会制度的最后一位建筑家，仅凭这一点就完全可以称得上伟大。细想一下的话，我们开始聚落调查之旅，也是出于想用自己的双眼去确认一下柯布西耶眼中的中世纪聚落的一点小小的抱负。现在，我们用稍稍习惯了看聚落的眼睛去看这座寄托了柯布西耶对新共同体梦想的马赛公寓，发现那里渗透着只有古老的聚落才有的建筑上的准确性与必然性。

第二天，乘坐渡轮时摇晃得很厉害。阿尔及尔的路上不但车多拥堵，而且与其他社会主义国家一样到处买不到地图，所以要找个什么地方也是非常辛苦的。在东欧，我们就有着寻找地理教科书的经历。阿尔及利亚的地理教科书也是非常简单的，在没有地图的国家或城镇，我感到好奇，地理课是怎么个教法。我们虽然已做好了心理准备需要在很多国家办签证，但事实上花费的时间也太多了。

我们去走访附近的聚落和罗马时代的遗迹，一边不断地计算时间和经费，反复调整此后的行程计划，结果是决定走最简单的路线。四天后我们离开了阿尔及尔。从我们的目的角度来说，没有比大都市更无聊的地方了。我们经常是一离开城市，人马上就变得精神了。

我们的目的地在撒哈拉沙漠的对面。不久后，我们开始翻越阿特拉斯山脉。下雪了，在寒冷中度过一夜之后，很快，我们沿着第一次聚落之旅的路线，驶向姆扎卜山谷。没想到我还能再去一趟盖尔达耶等七个奇迹般的小城市。在我们最初的旅行中，阿特拉斯山平坦的高原上挂着一百八十度的彩虹，四周的自然景象清爽至撼人心魄，让我们沉醉在一种非现实的美感当中。

小山顶上有开洞塔楼的清真寺和脚下的小城市，和从前一样的华丽。城市的上空泛着白色的光晕，我们站在数年前的同一个地方，眺望着眼前重重叠叠的城市群，流连忘返。如果让我从全世界的城市里，举三个现存的最有意思的城市的话，我会推举姆扎卜山谷的小城市群、威尼斯和纽约。这三个城市分别代表着向心性空间结构、中心分散的空间结构以及均质化空间结构的典型案例。

我们的行程总是很紧张。我们一路南下，就要到撒哈拉沙漠了。为什么沙漠感觉这么舒服呢？道路已有铺装，周围的沙子很硬。过了埃尔·古丽亚（译注：El Goléa），我们在因萨拉赫（译注：In Salah）第一次野营。那一带散点分布着绿洲上的柏柏尔人聚落，我们想开车过去，结果第一次陷在了沙子里。

那时我们没有带沙垫，慎重起见我们返回了出发地，路上一个问路的黑人看着我们笑："你说沙子多？这里全都是沙子嘛！"。我们终于抵达了塔曼拉塞特。

穿越撒哈拉

接下来我们要穿越撒哈拉沙漠。阿尔及利亚南端的城镇—塔曼拉塞特的宾馆里，有骆驼组成的旅游团，一日游到一周游各种选择都有，费用还不是很高。镇上最大的空地上，各种准备穿越撒哈拉沙漠的团队非常热闹。有从北欧过来的改装卡车队、有法国的女子摩托车队、有德国来的巴士团、比利时的两人组、英国的摩托车与汽车的混编团、意大利来的一对新婚夫妇、瑞士的老年组，简直有种国际赛事的感觉。放眼望去，差不多有二十个团队准备出发。大家分头忙着检查汽车的状态，准备饮用水、加油和囤积食品。从这里到尼日尔的阿加德兹，听说标准行程就要花四个白天三个晚上。

我之所以想要纵穿撒哈拉沙漠，是因为我觉得中间一定有地图上未能显示的小聚落，然而，我却完全想错了：绿洲并没有想象的那么多。这里的确是沙的世界。在一个小集市广场上，我们遇到一群图阿格雷族人。每个人的脖子上都挂着一个奇葩的钱包，色调像极了日本正月里的绳圈饰物。另外，他们脚上的草鞋，形状花样也很非洲特色。我们用橙子罐头、果汁，外加从日本和法国带来的食品，换成了铁板沙垫和铲子，办完警察局的手续，就匆匆开进了沙漠。

穿越撒哈拉——这绝对是现代最有趣的一项体育运动。同时，也是我们在聚落调查之旅中的首次游玩体验。路不能说没有，但是走有路的地方，却不一定是个好主意。路有时候就像搓衣板一样，一个个小的起伏连续不断，车体吱嘎作响好像随时会散架一样。有时候路上的沙子像雪一样被压出很深的车辙，车子转瞬间就陷在了里面。所以，我们决定先离开那些路，在广漠的沙漠中，我们必须瞬间做出决断，选择要去的方向。

司机的驾驶技术和对前进方向的判断不停地受到质疑："向左！向右！直行！"我们大喊大叫，当车子陷进沙子里了，就都下车，用铲子把沙子刨出去，在车轮下铺上沙垫，然后从后面全力把车子推出去。在沙子比较松软的地方，走不到一百米，车就会再次陷进沙子。那样的情形里，车是无法倒回来的，我们只好头顶着火辣辣的阳光，拖着铁板沙垫走到先前被推出的汽车停住的地方。就这样，我们追上了各色各样的团队，同时也被其他的团队超越。因为这样的前进节奏，所以我们并没有感受到危险。

在沙漠里，有一条不成文的铁律，就是不能对陷入困境的人置之不理。见到陷车的人什么都不做只顾走自己的路是绝对无法接受的。至少也要问一声："没事吧？"。通常的做法是，帮忙的人先把车开到沙面比较稳定的地方，回过头来帮忙把陷在沙子里的车推出去，然后再走回自己的车子。有时候也会遇到那种自己不带铲子和沙垫，专指望别人来救助的散漫队伍。这种时候，就要带着工具走过去，再带着工具走回来。这是一种某些方面像登山，需要相互救助的运动。

意大利的那对新婚夫妇让我们很头痛。我们帮他们刚刚把车子从沙子里推出来，他们马上就超过我们先走了，很快车子又陷住了，这两位就在原地等我们。好不容易帮他们推出去了，俩人又满心欢喜一个劲往前跑，结果再一次不动了，我们又得拖着铁板去找他们……。真是让人无语的《西西弗的神话》！

强烈的阳光下，法国女子摩托车队停下了，像是出了故障。因为是日本牌子的摩托车，就寄希望于我们能把它修好。我们团队的佐藤洁人决定挑战修车。他选了另一台同型号的摩托车，两台同时拆卸开来，他边把相同的部件相互调换边逐个检查下去。这时不断有团队聚拢过来，沙漠的深处居然形成了围观的人群。一个男人喊："你把两台车都给毁了！"人群中议论纷纷夹杂着少女们的哭声。差不多过了一个小时，撒哈拉沙漠中响起了一阵欢呼鼓掌声，接着，各个团队各自寻着自己喜欢的路线继续南下之旅。

在沙漠里因为海市蜃楼的关系，前方一带看上去像是水面，给人一种正在驶向大海的错觉。远方的石山化作一块巨大的石头完全漂浮在了空中，这是一种失重的风景。走在前面的汽车变成了摇曳的皮影，就像是水面上游走的帆船。远方渐渐露出一艘遇难船的影子，等看清时才知是一台被遗弃的汽车。在镜面般的水面上，忽地冒出个摇摇晃晃的小黑点，是迎面开来的一辆车。小黑点慢慢变大，大到是一只晃动的帆船，帆船皮影像蜕皮一样显出汽车的轮廓来。有一次，我发觉在前行的路上出现了一群模糊的影子，晃动着无数条细丝般的线条，突然，晃动的群影中，透出一队骑着骆驼、浑身白色装束的队伍，原来是图阿格雷族的驼队。

在一片柔软的沙面上，我们看到了几处散落的被迫终止探险的人留下的痕迹，那些地方常常插有悼念死者的十字架，它们是沙漠中的墓碑，是路标，也是报警的灯塔。沙漠不是均质的，汽车很少有机会在沙漠里飞奔。那样的时刻里，一旦偏离了一群群的车辙印就会不知自己身处何处，下一个瞬间便是汽车陷进沙堆里。每当沙丘的均质性被破坏的时候，我们就从一种迷失在宇宙之中的状态被拉回到现实里。陷车是一种有意义的妨碍，它可以让人回归正常的精神状态。

推车的劳作让人疲惫。夜里气温下降到零度左右，温差将近五十度。傍晚给人的感觉像是巨大空洞在渐渐地冷却，沙丘的影子越来越浓重，最后，周围的一切都融进了黑暗之中。非同寻常的寂静。在沙漠中居住的话，没准都能听到据说毕达哥拉斯很久以前曾听到的天堂的声音——哈利路亚。

　　沙丘上有风的形状。仔细看时，描绘的是风的纹路。那纹路与京都龙安寺石庭的石子图案很相似，那是沙的波纹。沙丘的形状千差万别。有一次起风了，转瞬间天空变成一片黄色，旁边站着的人也忽然不见。这样的瞬息变化令人难以置信，它的状态与浅海起浪时卷起沙粒的水中景象一模一样。我们在汽车里等待沙暴过去，那些已经变成黑色十字架墓碑的遇难者们恐怕就是在这样的沙暴中死去的吧。我们的调查之旅特意选择在热带草原的旱季，因为在雨中进行调查很难保持士气，避开雨季也属理所当然，但真正的理由却是，雨季里村民的房屋都被埋在长高的农作物里，观察村落的视线会被挡住。当然我们选择的这个季节，撒哈拉的风暴应该还没到肆虐的时候，可这次我们多少感到了一丝不安。好在风马上就停下来了。

　　沙漠的环境是智力建构的。地球上的沙漠与宇宙是相通的。沙漠有无边的光明与通透，它拒绝一切有机体与激情。没有植物与树木，意味着没有人类与生命体的活动，起着去除五官功效的作用。这里虽热，但没有有树荫的时候那么热；夜里虽说寒冷，但没有有庄稼秆时那么寒冷。这里是启示性的,是幻象与几何学的孵化器。智慧,一定会从沙漠深处走出来。

2 综合体与圆形平面

阿加德兹镇

我们在半夜里到达了尼日尔的沙漠城镇阿加德兹。在昏暗的城镇里,大鼓的声音不间断地回响,好似大地在轰鸣,这让我们真实地感到自己来到了黑非洲。第二天早晨,站在旅馆的阳台,看到图阿雷格族的帐篷群,更加深了这种感觉。这里的景象与我们在撒哈拉北面见到的绿洲上的聚落完全不同。我们穿越沙漠时虽然快乐,但也对没有调查可做让时间白白过去感到焦虑,于是我们立刻出发开始采访。

阿加德兹镇充满着节日的欢乐气氛。赶来享受假日快乐的人们,给晴朗的天气更增添了一层自由的气氛。夜里听到的大鼓鼓点是震慑外来者心性的韵律。白天的鼓点,特别是看到孩子们边打鼓边逶迤前行的身姿之后,我倒觉得那像是激发人们快乐心情的一股股波浪。

身着盛装的黑人少女格外引人注目,这个城市原本就有一种节庆的性格。住帐篷的人们,到了雨季就搬到别的地方生活,旱季来临后就又搬回这里。城市也是一个先前在不同地方生活的人们很久之后重新团聚的场所。此外还有穿越沙漠来到这里的外国人，再加上要从这里进入沙漠的观光客，形成了一种与那些生产劳动的聚落完全相反的强光晕效应。当然，每个城市都有类似的休假气氛，那是城市本来应有的一种特性，但是阿加德兹镇的休假城市特点更为明显。

这个城市的帐篷，有两大类不同的居住方式。一类是在城中建筑物外墙围起来的居住区里，搭建起若干张帐篷；另一类是在城外搭建不设分隔的群居帐篷。两者从外观上很容易区分出来，只在于有没有属于自己的用地这一点上。图阿雷格族的帐篷材料用的是椰枣树叶和树干，造型独特。平面是一个切掉椭圆两端后的形状，但是立体形状却很难找出一个与之相似的形状来比方。把一只船倒翻过来，把船的两端切除掉，得出的形状就比较相近了。

综合体

听说这样的帐篷只要两天的时间就可以搭建出来。帐篷之外，还有结构更简单的家畜小屋、厨房和厕所等。住宅里不管有没有分区，都是这几种要素复杂组合之后的结果。这种组合被称作综合体，我们的此次旅行，可以说就是为了看这样的综合体而来的。

总之，在阿加德兹以后，我们去上沃尔特（现在称为布基纳法索）、加

*［图23］格拉曼雪族的聚落——博克斯的综合体

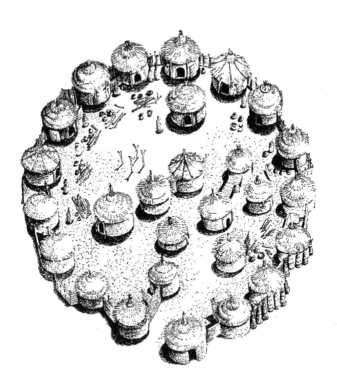

201

纳、科特迪瓦等地考察期间，访问过的所有聚落全都是大家族生活的综合体。

综合体，正如我们在阿加德兹镇已经知道的两种类型，它们有的时候有外围护墙，有的时候则不表现出来，搭建方式很随意。不过即便没有明确的边界，也并不代表综合体的各家族集团之间的关系含混不清。我们所见到的非洲聚落风景，一言以蔽之，就是这种综合体的风景。我们在其他地方没有见过的高度复合化的家族成员结构，可以说实地反映在了综合体里。

迄今为止，我们在许多地方看到过大家族制度的住宅与聚落，但是几乎所有场合，居住与建筑都是成为一体的，对家族主要成员的区域划分单位是房间。而在以图阿雷格族为代表的，豪萨族、莫西族、格拉曼雪族、塞努福族等部落当中，分区单位是帐篷或圆形平面的建筑，也就是以栋为单位。分区单位的不同，就反映成为景观上的不同。

但是，是不是把大家族制度的住居要素分到各个房间，再在各个房间上都加上一个屋顶，就能组合出非洲聚落的景观了？事情并不这么简单。首先，炉灶就必须分给很多个妻子，就连厕所、浴室、有的时候牲畜的小屋和谷仓也必须进行分割。也就是说，即使把大家族制度下的住居要素从分解成"房间"到分解成"栋"，都无法呈现出非洲聚落的风景。本质上讲，非洲的每一处居住空间都是由许多分有与独占关系非常清晰的要素所构成

豪萨族聚落

的。这种纵横交错的复杂人际关系组成了一体化的家族。家族以女性为核心，主要成员都有独立性。这样一种秩序反映到空间上的物化表现就被称为综合体。

我们利用在镇子里有地的帐篷住家里学到的知识，去到住户尚未分化的帐篷群采访。当我们画出卧室帐篷、附属厨房、厕所、家畜小屋等的平面图后，我们发现，虽然稍稍留有一些不清楚的地方，但各个综合体的组群关系已经基本显现出来了。

这里的区域划分与印度聚落的"托拉"相比，更加开放豁达，是一种没有偏见的对等关系。在这里，家族是社会中很强的组织单元。

至少从反映在建筑上的表象看，位于家族单元更高层次的集团单元是部落或者村落。

圆形平面

距离阿加德兹镇几公里的地方，有一个绿洲中的豪萨族的聚落。那里的帐篷也是用椰枣材料建造的，平面呈圆形。通过我们的调查，这是个有着将近四十个综合体的聚落。每个综合体周围都用帐篷相同的材料建起来的围墙。中央位置有一座石头矮墙围起来的清真寺。说是清真寺其实只有一个简单的遮阳用的亭子，不过相对于各个综合体的自由曲线围墙，清真

*[图25] 豪萨族聚落阿卡布努的谷仓

寺周围却被切割成了方形。

　　西部非洲热带草原上的聚落，建筑上的一大特征就是圆形平面。圆，在各种场所和时代，都是以形成空间秩序的方法的面貌出现的。作为从古至今最本源性的形体，圆成了引导科学、思想和想象的几何学媒介。对于关注聚落的我们来说，提起圆就会联想起非洲，因为若要在民居类里寻找圆形平面的建筑，除了非洲以外，别处是很难见到的。在日本，从历史遗迹中可以看到圆形平面，如果倒推回古代的话，恐怕在世界的其他地方也可以发现它们的踪影吧。

　　从这个意义上说，圆形保留下来的状态，让人联想起原始社会阶段今日仍在持续。的确，圆形屋顶可以像雨伞一样，建造起来很简单。不过，他们的建筑词汇中是有方形建筑的；另一方面他们有时也在圆形建筑上铺设平屋顶，因此他们并没有受到技术和材料方面的限制。他们首先把两个圆组合在一起，在有着半圆形前室的，或圆形的建筑物之中，再套建另外一个建筑，可称是奇思妙想。他们有时也在方形建筑物的前面围起圆形的前院。除了细分的居住栋之外，决定非洲热带草原聚落风景的另一个重要因素是巨大的壶状谷仓，它们的剖面几乎全部都是圆形的。他们将多个圆形平面连接起来，之上竖起外墙，外墙连在一起就形成了波浪般的效果。这波浪般围合的周边墙便形成了要塞般的综合体。雷拉（古伦西）族的住宅让我们感到吃惊，刚进到这样的综合体里面时，我们诧异于空间的怪异，一点都搞不懂那样一种分户状态是怎么做出来的。他们先在平面上将很多个圆重叠排列在一起,然后再在平面线上竖起墙壁,建造出奇妙复合的空间。

房间的墙壁全都是弧形的曲线,三个房间联成一个单位,并且这样的单位五六个串联在一起。一个综合体里包含四个左右这样的组团,中间的院落里,每三间一组的房屋配一个圆形的前院,中庭的中央竖立着近二十个圆形谷仓。这个综合体让人感到简直是在玩圆形的构图游戏。

综合体中也有方形的房子和家畜小屋,其自身宛如一个村子或一个城镇。此外,它与始自文艺复兴时期的,通过重复组合相同几何图形的平面,构成理想城市的手法,也有着共通的性格。

圆形的含义

建筑上的圆形可以表达多种多样的意思,无论哪种情形,都表达出完整和完美的含义,同时还有与"中心性"相关的意思,再一个就是指代"个体"或"单位"的意思。后者的圆形应当是封闭曲线所代表的含义。非洲人对圆形的关注应在这一点上了。我之所以这样认为,是因为他们在使用圆形建筑及其前院的时候,几乎没有表现出对于中心的任何考量与安排。

当然根据部落的不同,在房子的中心位置立柱子的做法也是有的。但是,即便这样的情形,我还是认为墙壁的意义更大:因为除了柱子,他们没

*［图26］古伦西族的聚落帐篷综合体

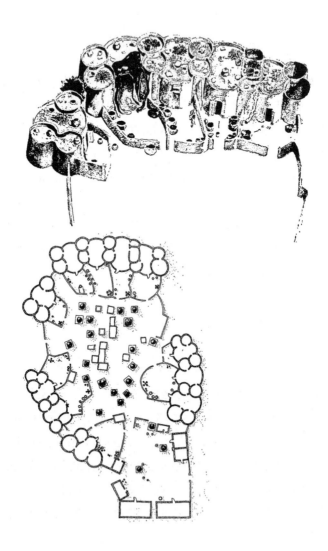

208

有在屋中央祭放圣物或者安放炉灶的习惯，也由于圆形房屋并不宽敞，生活物品基本都沿墙摆放。综合体的地盘被围成近乎圆形时，像我们在格拉曼雪族的村子里见到的、在中庭里布置供全体族人共用的石臼小屋以示中心性的例子并不多见。在这个古伦西族的村子里，如果综合体里面的东西多了，便会在中庭里建一栋房子或谷仓，这样一来中心性的展示意味便会降低。

非洲的聚落里，之所以五六米直径的小圆形建筑一直延续下来，可能是由于综合体作为居住形式被延续下来的缘故。保持独立性是综合体成立的基础，而圆是最符合这样的要求的空间要素。圆所具备的几何学意义上的完整性与张力感，在表达综合体内的单栋，即套在居住空间中的更小的居住空间时非常贴切和匹配。

用圆形来分割区域，对于建构综合体来说是最为简单明了的办法。与其从基本几何形或技术上的必然联系角度去说明，不如从制度与含义方面解释圆形平面的意义更来的自然。

就这样，我们穿越撒哈拉沙漠之后，立刻就碰到了两样有特征的东西：综合体与圆形平面。其后的旅行可以说都是围绕这两点特征展开的。

3 建筑的乡音

于热带草原

进入热带草原之后，我们仍然受到沙子的困扰。与沙漠相互交错的热带草原上的荨麻草，色调鲜艳而明亮，如同幻想中豁然开朗的风景一般。当我们踏进一片看上去像返青麦苗的草毯当中时，却倒了大霉，因为全都是刺。那以后我们走路时变得很小心，然而孩子们却满不在乎，光着脚丫走路。过了不久，猴面包树出现在我们的视野里，好像从幻想的世界走进了传说和童话的世界里。

到了这一带，既有已经落光了树叶的树，也有刚刚吐出新芽的树，有郁郁葱葱的树林，也有染尽风霜的红叶，我们仿佛同时看到了四季的风景。总之，热带草原周边的风景，至少对于过路的人来说，是一派人间乐园的景象。

一开始时，我们宿营之后还自己收拾打扫，但没过多久，便明白这样做实在没有必要。一到早晨，村民们听到孩子们的消息也都赶着聚集过来，把我们留下来的所有东西都按年长者的顺序去捡，一瞬间营地就变得干干净净。村子虽说还没有进入现代化，然而头扣发圈、戴着太阳镜、腕上手表闪亮、带着收音机、敞着白色上衣骑摩托飞奔的青年，样子竟像月光假面侠一般。

村里的人们无比善良与热情，我们很快就变得非常融洽。来到黑非洲之前，我曾担心能否读懂黑人脸上的表情，这次该需要一位向导了，也许会因为误会产生麻烦，有时或许会遇到打劫之类的事也未可知。但是，事实证明，这样的臆测不过是我需要深刻反省自己的一种偏见罢了。

我觉得似乎明白了他们的祖先为什么会被卖做奴隶了。他们都太老好人了，对外人毫无戒备之心。在很多村子里，有问我们带没带药品的，有带着受了伤的孩子们来找我们看的。我们远离村子宿营的时候，也有村民听到消息，便用骆驼驮着孩子来求我们治病的。应当小心的只有汽车，遇到时，我们只好能躲就躲能逃就逃。比如在桥上两辆相向而驶的汽车双双掉进河里，或者没有司机却在疾驰的巴士等等，有些传闻听起来让人发笑，但实际遇到的话都是性命攸关的事。

聚落的结构

我们走过了各种各样的部落居住的地界，发现当聚落的景观起了变化时，我们就进入了另一个部落的领地。在这片土地上，有实际意义的不是国境线，而是部落与部落之间的空间上的距离。各个部落的聚落风景虽然非常相似，但同时也有着微妙的不同。这里的相似与差异之间的关系，非常像东欧广场周围建筑物的正立面群之间的关系。东欧广场周围的各栋房子虽然互相很像，但却是各个不同的正立面的串联组合。

我们以热带草原为主，穿过的部落领地有图阿雷格族、豪萨族、杰尔马族、雷拉族、格拉曼雪族、莫西族、古伦西族、达哥伦巴族、罗比族、塞努福族、马林凯族、古鲁族等，他们组建住宅综合体，使用圆形平面的单栋房屋和谷仓，单是这一个要素便使他们具有了共通的特征。但是，我们据此却逐渐搞清了那些聚落群之间存在着超越共通特征之上的紧密关系，也就是聚落群在整体上存在着结构性的关联。

当然，每个聚落都有着各自不同的景观与居住空间，这对于相互间差异性的描述是不可缺少的。比如我们在尼日尔南部看到的豪萨族的一个叫做特斯比克的聚落，第一个特征就是它有一栋正方形平面的只有一个房间的建筑。大多数情况下，正方形平面的建筑都是两栋并排建造的，正立面是左右对称的，屋顶的边缘有角状的突起，从外面看屋顶是穹窿顶，但是单从这样的外观是无法推测出室内的样子的。我们刚一迈进房间里就对内部的异样气氛感到愕然：重彩鲜花图案的搪瓷器皿像长了吸盘一样贴满了整面墙壁。墙面的下边也层层摞起这样的器皿，简直像是进了器物展厅一般，然而那些器皿却都是同一形状的让人感到骇然。更让人感到莫名其妙的是，在不大宽敞的房间正中，立着一根很粗的四方中柱，抬头可以看到油纸伞般的高高的顶棚。原来屋顶是个假的穹窿顶。

从技术的角度看，相比其他方法，用树枝搭起穹窿顶是很容易做到的。村民们清楚地知道这一点，所以采纳了这种工艺作为他们的建筑风格。这个村子的谷仓都没有建在各家的地界里，他们有共用的场地，那里排满了大大小小的圆形谷仓，宛如远古时代的工业厂区一样。

　　又比如，居住在科特迪瓦东北部的罗比族的离散型聚落，非常耐人寻味。长方形和圆形平面的单体建筑，构成了他们的综合体。值得留意的是，相比大部分族群的综合体都采用同一种要素进行搭建，在罗比族等少数部落的村子里，有的综合体全是圆形的，有的则全都是长方形建筑相互组合而成的。看到那些独具一格的长方形组合法，我认为那些恐怕才是罗比族原本就有的建筑手法。

　　罗比族的综合体的独特性与古伦西族的圆形组合住区相比并不逊色：房屋体量很大，外墙如城堡一般没有一扇窗户，从唯一的一个入口进入到建筑物里面，开始时周围一片漆黑，蝙蝠就在身边飞舞，穿过放置着大鼓和猎枪的狭长门厅，屋顶上投下一束微弱的光，照在通道边的石臼上，我们看见那里有几间门口挂着竹帘的女性房间。

　　房间非常寂静，墙壁泛着清冷的光。正面有一个类似祭坛的壁炉，旁边堆放着六排左右大小不一但款式相同的黑色器皿。屋顶采光巧妙地把一个日常生活的房间变成了一处冷静肃穆的神圣空间。在这些房间的深处，还连着其他同样的，让人产生宗教戒律与仪式联想的房间。这个综合体的房间数有十五六个左右，它的复杂性倒不在于像个迷宫，而在于相似的房间意外出现时的空间序列。这样的空间，完全与人们口中的非洲式的印象相反，它给我的感觉反而更接近日本式的寂静气氛。

建筑性的乡音

构成热带草原聚落综合体的词汇数量并没有想象的那么多。它们包括圆形平面的卧室栋、方形平面栋、厨房、凉亭、石臼小屋、大门（房）、牲畜小屋若干、厕所或者淋浴场。谷仓是建筑用语，其余还有围墙和户外隔墙、做饭用的炉灶、烧水用的炉灶、晾衣场等装置类，再有就是床、壶罐、餐具等用具类的词汇。

这些分解后的要素全部记录在"一览表"之中，可以说它囊括了热带草原聚落的所有要素。圆形平面栋、方形平面栋、大门（栋）、厕所、淋浴场、牲畜小屋，还有成为这一带景观特色的谷仓、凉亭、炉灶围栏、土墙、栅栏等等都含在"一览表"中。从这个图表，按部落单位挑出适当的要素，就可以形成一个综合体。

方言化的建筑

这里的情形不同于伊朗绿洲上的聚落群,有时候某个部落,有时候整个聚落会将"一览表"中的建筑语汇随意进行加工,变为一种方言化的建筑。绿洲聚落的"一览表"里,记录着标准化的建筑外形或者它的样式。然而热带草原聚落的情况却是,"一览表"中虽然也画出了类似标准型的样子,但在所有的图形中却无法判断出哪个属于标准型的。

在这一带能够看到的只有方言化的建筑。就拿谷仓来说,不同的部落,有的把谷仓建得像一只巨大的壶罐,有的棱角分明,有的是两层的建筑,有的外面添有鳄鱼纹样,有的像是头上扣着草帽。圆形平面的单栋住宅也是如此,有的改变了屋顶形状,有的改变了土墙的高度,有的在周围立起柱子,有的在入口处添加了装饰,有的像是在圆形组合的房子里面又造了房子,有的是把更多个圆形串接在一起建造出更加复杂的空间。就这样,先被抽选出的语汇群和它们的"乡音"方言一道,构成了带有微妙变化的聚落图景。对我来说,我甚至觉得,各部落共有的"一览表"并非聚落建构的结果,而是先于众多聚落形成之前,就应该存在一张"一览表"。

我们对伊朗的绿洲聚落的建构方式有清晰的理解,也是从热带草原之旅开始的。我虽然画出了绿洲聚落群的构成要素分析表,但并没有对表的含义有足够的理解,因为并没有考虑到这个"一览表"可以共用于其他聚落的

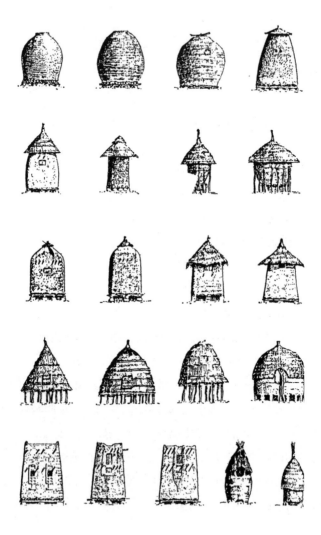

情况。

热带草原聚落告诉我们共有这条线索，首先是因为绿洲聚落处于一种分解之后的状态。我们可以从这种分解的状态，分析出聚落间相似与相异的原因。与其他聚落相比，绿洲聚落的分解程度也是很高的，因此也是可以进行解释的。换言之，聚落的性质不是生命体的，而是组合性质的、游戏性质的，它散发着强烈的土著有机体的气息，但从其建构方法来看，是干燥的不含水分的、犹如结晶体，是数学性质的。各个局部都各自独立，各有各的含义，这样一种状态在表里得到了清晰的表达。当然，表面上的整体也是这种有含义的局部之一，那种有震撼力的景观常常使我们感动。

"一览表"与"排列组合表"

有意义的局部，有时是由"一览表"中列举的某一个要素构成的，有时也有若干个要素组合起来构成"有含义的局部"的情况。我们从热带草原聚落解读出来的，是有关综合体内部划分区域要素的排列组合规则。例如，构成区域的方法是由各种要素素材来决定的，这些方法包括每个聚落里可以有围绕一名女性形成的小圈域、若干名女性围绕一名男性形成的圈域、所有这些人围绕一名家长形成的综合体，最后是综合体汇聚在一起形成更大的区域。

通过这样的划定区域工作后形成的整体性排列组合本身,就是我们所关注的有意义的部分。

在各色各样的聚落里,都通过使用建构性的语言来实现上述各个区域的划分,表达有时是简单明了的,有时则是混沌模糊的。划定区域时需要依赖空间原本具有的两类性质,即作为容器的性质和作为场的性质。容器性由划定区域边界和决定区域内分割线来表示,场性的表达则靠布置物品,在物的周围或周边一带模糊地规定出大致的区域范围。热带草原聚落不但共享一张要素"一览表",而且共享一张"排列组合表",后者特别汇集了形成一个综合体的内部区域以及众多综合体群时的构成要素。这张"排列组合表"中显示的排列组合规则,规定了要素之间的远近度,表示出哪些是有意义的部分以及它们之间的关系,如此便赋予了综合体极其集群即聚落以明确的结构。

"一览表"与"排列组合表"将成为聚落构成的基础,然而单凭这一点还是无法建构出一座聚落的。为了将概念具体地表达出来,需要赋予其"形"同时也需要方言化,实际操作时又需要考虑自然条件、生产与防御等因素,与此同时做出适当的空间装置方案。没有想象力就不可能将聚落的构想变为现实,这种想象力有时可以把聚落建构得无比美丽。人造绿洲聚落和热带草原的聚落无论看哪一个都是美的,那是因为居住在那些地方的人们不相信协调美可以靠预设和计划来得到,我想,协调一定是他们事无巨细不断发挥出自己想象力的结果。

4 走向丰富多彩的"世界风景"

"世界风景"的表演者

走在热带草原聚落里，我有时想会不会存在一张适用于世界所有聚落的"一览表"和"排列组合表"呢？形形色色的聚落根据自己的喜好，从这张通用图表中取出适当的组合要素以及它们的排列组合规则，以此为素材通过不断制定方案，是否曾规划出了具体的聚落呢？两个远隔千里、互不相识的团体，由于偶然的因素选择了相同的组合要素和排列组合规则，并且对他们来说，局部的自然条件也偶然具备了诱发他们制定同样解决方案的条件，这些是否是造成两个物化后的聚落极其相似的原因呢？那是否是一种"星星之火现象"呢？此外，即便两个场所的自然条件看上去大体相同，会不会由于所选择的建筑语汇群不同，或排列组合规则方面稍有偏差，因而造成不同类别的聚落被塑造出来，继而形成了一种文化上的混搭状态呢？

这张"一览表"和"排列组合表"，才是展示"世界风景"的表演者——那是一幅多样化的、由相同与相异的关系网络联结在一起的世界聚落的风景。换句话说，人们在各自有限的空间和地区里，在互相并不知晓的情况下会共同面对同样的问题，而那些问题在不同的地方独自得到了解决，只不过解决的结果被方言化了，是用一种独特的方式来回答的，这样一种状况就是聚落存在的风景。在这个意义上，人们通过共同享有这两张表，可以实现居住文化的共享，这便形成了所谓"国际式"的关联性的基础了吧。

当然，"一览表"和"排列组合表"是不可能预先存在的。实际上人们花费了很长的时间，在空白纸上记录下自己完成的建筑策划内容，表的出现不过是结果而已。而假使有人真的想去描绘这张表，即便他在局部上画得不错，然而在总体方面却只能表现出一种模型，一种能够诱发并输出无数种变化的机器。

对于我们而言，"一览表"和"排列组合表"的那种仿佛从一开始就存在的假象反而是最重要的，因为普适主义的均质空间也是现代所采用的一台无限输出的机器。但是，即便是均质空间，为了居住的需要也是需要"物"以及它的排列组合方法的，也就是说它也不得不使用那张"一览表"和"排列组合表"。

自立的空间

格罗皮乌斯留下的"国际式"这一用语的内涵，他欲超越的对象的含义将在重新编排过的"世界风景"中获得解答。这一风景同时也远离了以功能分区为基础的风土理论，它降低了观察者的视点，在把握现象时并非将其看做一种一成不变的状态，而是一种混搭的状态。作为结果，它尤其改变了人们对待整体的思考方法。

假设今天我们以"场所"或"地域"概念代入，欲得出居住文化的解答时，首先，我们必须在"一览表"和"排列组合表"里确认该地域与其他地域是否共有同样的问题，即必须认识到文化的共通性关系。由此才可能排除掉对固有文化的错误认知，继而催生出各种见解与表达实践层面的正确态度。采用在其他地域构思得出的机制与方法，让相互间的置换等措施成为可能也全都有赖于上述的认识。

其次，我们需要舍弃将地域或场所看做一种有生命的秩序的整体观，这里需要一种对于有意义的局部具备独立性这一点逐步加以认可的态度，这将引导我们走向"混合系"的美学。与此同时，"排列组合表"规定了"物"的远近度，考虑到它也涉及人和人之间的远近关系，因此它也应当适用于描述人际关系。

另外，应对局部性自然条件的装置性解决方案属于经常性的要求，这样一种状况今日也没有改变。

立足于地域或场所，并不意味着回归地缘性社会或旧时的美学，这一点从文化的共享关系以及舍弃旧有的整体观方面也得到了解释。这也许可以说是为了形成一种由更丰富多彩的局部构成的"整体"观，而不断地就有关地域性的、场所性的局部进行表达的一种方法。然而，为了与复古主义划清界限，或许在此有必要明确另外一种方向性。

关于聚落共享的那张"排列组合表"的内容，过去，聚落由于在种种的统治与压迫下，亦或由于不得不面对微弱的自然力，"排列组合表"对于物质空间的多样化应用，以及保障自由的人际关系的排列组合规则的描述，并不能说已经完成。

聚落的排列组合规则记录在表中的有：具有明确中心性的聚落，置于严格管理下的地块分割型聚落，相反类型的、认可住户独立性的麦地那型城市，以及容许自由的邻里圈域成长的印第安聚落等，虽然我们观察印第安聚落的目光有过于理想化的嫌疑。人们对于如此多样化的社会形态往往容易产生误读，认为那就是多样性推广开来的状况，继而高喊那就是美的。而在面向未来的"排列组合表"里，只需要写进一条排列组合规则就足够了，那就是包含最丰富局部的"整体"，即与法西斯主义处于对立面的、所有局部都有意义的、自立的空间排列组合规则。

立足于地域或场所，意味着排斥普适主义，这是接近地域或场所空间的正确方略。可以预测，上述排列组合规则只有通过人们针对自然条件、局部性地制定出各种不同的装置方案，才能得以具体化。而为了保持这样的发展方向，容许对地域或场所的结构进行变革的态度也是不可或缺的。那时的"世界风景"相比现在的聚落，内容会大大地丰富而多样，这样的"世界风景"，就是经过奥义书或新柏拉图主义、尼古拉·库萨努斯、乔尔丹诺·布鲁诺、工会主义者、无政府主义者们、艺术领域古来的连歌师们以及超现实主义者们的构思，而被我们窥见其一斑的理想之乡。

后记

20世纪70年代是现代建筑完成巨大变革的时代。在这变革的十年间，我们进行了国外的聚落调查。这期间，建筑家们参照的是两个体系，一个是古典建筑，另一个是聚落，我们的行动从结果上看，参照的是后者。

关于聚落调查之旅的内容，我们采取过多种多样的形式进行了汇报。考虑基于本书中探讨过的语汇和思想方法，有必要重新整理思路，将来重写一本《聚落论》。我感觉若不这样做，本书的意义就不可能更加凸显出来。再者，我们从聚落学到的许多建筑方面的知识，即便达不到画出"一张草图"的目的，但如果无法应用于社区营造和建筑设计实践的话，本书的期望恐怕也会落空。现在我只有说将此课题留给将来，但实话实说，这十多年来我在这个问题上还是花了些许心思的。

旅行是快乐而刺激的。我们一般没有向导，自己走进村庄做调查，所以需要一点演技，如果能轻轻松松、若无其事地走进人群中就算出师了。出现冷场的时候，浑身紧张与不怀好意可能是同一个意思，摸不着头脑的情况下被请到欢迎仪式的主位上，那可是要考验人的。一般来说只要照着对方的样子学就可以了，而那种时刻队友们使劲绷住笑的样子却传染到我，越是想着现在笑出来没准命就没了，越是忍不住地想笑。

广阔雄浑的大自然，在这个宏大的舞台上，我们的旅行却自始至终都像是在四处躲逃，躲逃来自当地的军队或警察，来自漫无目的蜂拥而来的越野车队，来自语言和工作上的压力。类逃亡者的做派是令人愉快的，然而这篇游记却是沉闷的，是因为旅行结束了，不能继续逃了吗？

值得庆幸的是，五次之多的调查之旅都没有出事故，也没有发生什么麻烦事，不用说，我们都觉得做到这点很了不起。单纯计算一下用于调查的车行距离的话，顶多不过六万五千公里，但实际行驶的距离要比这长得多，也确实闯过了许许多多道难关。

团队成员包括研究生、已经从我的研究室毕业的年轻建筑家们以及一起做设计的同事。罗列一下人数的话，去地中海周边（1972）十四人，去中南美洲（1974）九人，去东欧和中东（1975）八人，伊拉克·印度·尼泊尔（1977）十三人，西非洲（1978/1979）六人。参加了上述所有旅程的，只有我和现已成为东京大学生产技术研究所助理教授的藤井明两个人。团队核心成员有建筑师上原惇彦、山本理显、入之内瑛以及现任昭和女子大学教授的佐藤洁人和芦川智等。

所有的调查都经过了准备、调查、资料汇总、出版调研记录这四个阶段，需要投入很大的精力，特别是每次调查之后的资料汇总工作，研究生们付出了巨大的努力。因此，这本"聚落之旅"本应是所有团队成员共同体验的故事和思考，我个人只是由于机缘巧合，披露了其中的一部分而已。

书中五篇游记中，除去第5章西部非洲之外的四篇都曾刊登在《展望》（筑摩书房出版），可惜现已停刊。具体如下："聚落之旅"1974年5月号，"阴翳笼罩下的聚落"1974年8月号，"边界可见的聚落"1977年3月号，"拒绝形象的聚落"1978年4月号，书中对此四篇稍加了修改。西部非洲篇是发表在《世界》（岩波书店出版，1979年11月号）的"有聚落的世界风景"和当时已写好但尚未发表的文章合二为一的结果。

本书能够出版，我在此要对很多人表达谢意。

首先要感谢一同旅行的人，其次要感谢那些在经济方面给予过我们恰当的忠告、预备知识以及各种各样方便的人，还要感谢那些通过各种各样的方式给予我们支持的人，在旅途中曾经照顾过我们，为我们做向导的人们，热情招待过我们的村民和孩子们。从这个意义上说，我再次深切地体会到，我们的聚落之旅是建立在各方众人共同协作的基础之上的。

感谢当年担任《展望》杂志总编辑的胜股光政先生，没有他善意的意见和忠告，我不可能写出"聚落之旅"这篇文字。

本书插图中，图14、15、23、26（上部）曾作为插图刊登在《住宅建筑》（建筑思潮研究所编，1978年1月号~1980年12月号）的《居住文化论》一文中，该图由当时的共同作者、画家联合的YURIAPEMUPERU的各位作画，本书中原封不动进行了转载。此外，摄影家铃木悠也参与了中南美洲的旅行，书中使用了他的部分照片。除此之外的图和照片都是研究室的学生们绘制和拍摄的。

在本书成书的过程中，研究室的林信昭为本书绘制了旅行路线图。最后，非常感谢本书的编辑，岩波书店的林建朗先生。

对上述众位的大力协助，再次表示衷心的感谢！

原广司
1987年4月

原广司

建筑家、东京大学名誉教授

1936年 生于神奈川县

1959年 毕业于东京大学工学部建筑学专业

1964年 毕业于该校研究生院，建筑学专业工学博士

1964年 东洋大学工学部建筑学专业副教授

1969年 东京大学生产技术研究所副教授

1982年 升任该校教授

1997年 退休，任该校名誉教授

1970年 成立atelier fai建筑研究所并从事设计

1999年 原广司+atelier fai建筑研究所

主要作品

田崎美术馆

山桃国际

梅田天空大厦

JR京都站

宫城县图书馆

札幌体育馆

主要著作

《建筑的可能性》（学艺书林）

《空间——从功能到形态》（岩波书店，中文版–江苏凤凰科学技术出版社）

《世界聚落的教示100》（彰国社，中文版–中国建筑工业出版社）

著作权合同登记图字：01-2014-2321

图书在版编目（CIP）数据

聚落之旅／（日）原广司 著；陈靖远 金海波 译．
－北京：中国建筑工业出版社，2018.12
ISBN 978-7-112-23176-8

Ⅰ．①聚… Ⅱ．①原… ②陈… ③金… Ⅲ．①建筑科学
－研究 Ⅳ．①TU

中国版本图书馆 CIP 数据核字(2019)第 007423 号

SHURAKU E NO TABI
by Hiroshi Hara
© 1987 by Hiroshi Hara
First published 1987 by Iwanami Shoten, Publishers, Tokyo.
This simplified Chinese edition published 2018
by China Architecture & Building Press, Beijing
by arrangement with the proprietor c/o Iwanami Shoten, Publishers, Tokyo

本书由日本岩波书店授权我社独家翻译、出版、发行

责任编辑　刘颖超　刘文昕
书籍设计　瀚清堂　张悟静
责任校对　王　瑞

聚落之旅

［日］原广司 著／陈靖远 金海波 译

中国建筑工业出版社出版、发行（北京海淀三里河路9号）
各地新华书店、建筑书店经销
南京瀚清堂设计有限公司制版
北京富诚彩色印刷有限公司印刷

开本：787×1092 毫米　1/32　印张：7 1/8　字数：140千字
2018年12月第一版　2018年12月第一次印刷
定价：49.00元
ISBN 978-7-112-23176-8
　　　　（33067）